Dipl.-Päd. Susanne Kreuer

W0224437

Wir fühlen genauso wie du

Was Kinder von Tieren lernen können

Inhalt

Jedes Tier hat ein Herz

Obwohl die Menschen ganz lange geglaubt haben, dass Tiere nichts fühlen können, war diese Annahme falsch. Das haben einige Wissenschaftler nämlich längst herausgefunden. Alle Tiere haben also Gefühle – ganz ähnlich wie du auch. Aber was sind Gefühle und wozu werden sie eigentlich gebraucht?

Welche Gefühle gibt es?

Jedes Lebewesen hat Gefühle (Emotionen). Dazu gehören Freude, Angst, Traurigkeit, Ärger oder auch Wut, Ekel, Liebe, Scham und Überraschung.

Zu all diesen Emotionen gibt es noch viele weitere, die Menschen und Tiere fühlen. Aber wozu sollten Gefühle gut sein? Wer ist schon gerne traurig oder ängstlich? Tatsächlich helfen Gefühle Lebewesen dabei, Entscheidungen zu treffen. Auch helfen Emotionen Menschen und Tieren dabei, besser auf sich aufzupassen. Wer zum Beispiel Angst hat, der ist vorsichtiger und beobachtet die Umgebung genau, um sie gut einschätzen zu können. Wer dagegen ganz viel Freude bei etwas spürt, der erkennt, dass er das gerne macht und möchte das noch viel öfter erleben und vielleicht besser darin werden.

Schau mal, wie Tiere mit ihren Gefühlen umgehen:

Ich beobachte meine Umgebung ganz genau. Das ist wichtig für mich, um mich sicher zu fühlen. Nehme ich etwas wahr, das mir Angst macht oder ich mir nicht erklären kann, flüchte ich so schnell ich kann. Ich höre ganz genau auf mich und vertraue auf mein eigenes Gefühl.

Wir haben uns sehr gerne. Das ist deshalb wichtig für uns, damit der Zusammenhalt in unserer Schwanen-Familie stärker wird. So können wir uns gegenseitig helfen und uns unterstützen.

Ich habe richtig schlechte Laune und bin aufgeregt. Meine Wut möchte ich durch Fauchen mitteilen. So sollen die anderen Katzen (und auch die anderen Lebewesen) verstehen, dass sie besser Abstand von mir halten. Ich warne sie nämlich sehr deutlich.

Ich bin ein sehr neugieriger kleiner Löwe. Am liebsten würde ich den ganzen Tag nur auf Entdeckungsreise gehen. Das ärgert die Großen zwar, aber ich will doch noch so viel erleben und lernen.

Bei Mama fühle ich mich sicher und geborgen. Sie passt gut auf mich auf und sorgt dafür, dass es mir an nichts fehlt. Das ist ein richtig tolles Gefühl.

Was wir fühlen, bestimmt unser Verhalten:

Das Abduschen macht riesigen Spaß. Das Wasser ist herrlich frisch und kühlt meinen Körper. Ich bekomme direkt gut Laune und möchte hüpfen, springen und herumtollen.

Manchmal bin ich traurig. Dann ist es das Beste, wenn ich die Traurigkeit zulasse und nicht gegen sie ankämpfe. Ich habe längst gelernt, dass Gefühle kommen und gehen. Bald geht es mir wieder besser.

Spiel mit mir! Ich will mich bewegen und mit dir gemeinsam ganz viel Unsinn machen. Du bist mein bester Freund und wir beide gehören zusammen.

Mal sehen, wer von uns der Stärkere ist. Zwar spielen wir im Moment nur, aber im Ernstfall müssen wir gelernt haben, uns zu verteidigen und uns gegen andere durchzusetzen.

Das Leben ist so anstrengend. Es ist wichtig, dass ich mich hin und wieder ein bisschen ausruhe und entspanne. Nur im Stress zu sein, ist ungesund. Ich genieße meine Auszeit und die Sonne. Das tut mir gut.

Gefühle lassen Tiere und Menschen glücklich oder traurig sein, Liebe und auch Wut empfinden. Jeder zittert mal vor Angst und dann passiert etwas, das uns vor Begeisterung jubeln lässt. Du siehst, wie unterschiedlich deine und auch die Gefühle anderer sein können. Auch können sich Gefühle einfach abwechseln. In einem Moment bist du traurig und dann kannst du beobachten, wenn du aufmerksam bist, wie sich deine Traurigkeit irgendwann auflöst und du plötzlich Freude empfindest, obwohl du vorher vielleicht dachtest, dass das bestimmt nie wieder geschehen wird. Dass sich Gefühle gegenseitig ablösen, ist ganz normal. Keiner fühlt sich immer gleich. Gefühle sind so unterschiedlich wie die Situationen, die du jeden Tag erlebst. Das hat einen wichtigen Grund: Deine Gefühle helfen dir, dich besser in der Welt zurechtzufinden. Zudem gibt es noch einen weiteren ganz wichtigen Grund, warum du so viele Gefühle empfinden kannst:

? Was bedeutet Mitgefühl?

Dadurch, dass du selbst Empfindungen hast, kannst du dich besser in andere Lebewesen hineinversetzen. Das bedeutet, dass du ein Gefühl dafür bekommst, was sie gerade fühlen. Wenn jemand traurig ist, dann erkennst du das und fühlst vielleicht auch ein bisschen Traurigkeit. Wenn jemand ganz laut lachen muss, dann erfüllt dich das auch mit Freude. Und manchmal musst du sogar mitlachen, obwohl du gar nicht weißt, was so lustig war.

Dass Menschen mit anderen mitfühlen, ist sehr wichtig, damit wir uns gegenseitig besser verstehen, uns helfen und füreinander da sein können. Eine Gruppe, die sich gut versteht und gut zueinander ist, ist meistens stärker und auch glücklicher als ein Einziger. Bei Tieren ist das häufig ganz ähnlich – so entstehen richtige Freundschaften, die manchmal sogar ein Leben lang halten.

Tierisch starke Freundschaften

Lange dachten die Menschen, dass es in der Tierwelt nur darum geht, zu fressen oder gefressen zu werden. Heute weiß man es besser: Tiere sind zu Freundschaften fähig. Das macht auch ganz viel Sinn, denn Tiere möchten genauso wie du nicht gerne alleine sein. Sie wollen lieber viel von den Großen lernen, mit Gleichaltrigen spielen und die Welt entdecken, um später besser auf alles vorbereitet zu sein.

? Was bedeutet Freundschaft?

Richtig gute Freunde mögen einander sehr gerne und machen viel zusammen. Oft beginnt Freundschaft mit einer Sympathie, aber mit der Zeit wächst das Vertrauen zueinander. Man mag jemanden einfach und weiß am Anfang oft gar nicht so genau, warum das so ist. Aber das Wichtigste bei einer echten Freundschaft ist, dass sie freiwillig ist und es überhaupt keinen Zwang gibt.

Vor allem Tiere, die in einer Herde leben, also in einer Gruppe, pflegen sehr enge Freundschaften. Ganz viele Forscher haben weltweit und bei sehr unterschiedlichen Tierarten beobachten können, wie innig die Beziehungen untereinander sein können. Manche Tiere sind richtig eng befreundet und andere können sich nicht so gut leiden. Das kennst du sicher selbst: Im Kindergarten und in der Schule gibt es viele Kinder. Manche magst du sehr und andere findest du nicht so toll. Das ist ganz normal. Keiner auf der Welt mag alle anderen Lebewesen gleich gerne. Es ist also völlig in Ordnung, wenn du bei der Wahl deiner Freunde auf dein Gefühl hörst. Das belügt dich nämlich nicht!

Schau mal, wie eng die Freundschaften unter Herdentieren sind:

Kühe sind sehr wählerisch, wenn es um ihre besten Freunde geht. Sie mögen nicht jeden. Aber wenn sie sich gerne haben, dann richtig. Sie wollen dann viel Zeit miteinander verbringen und leiden sehr unter einer Trennung.

Schafe hängen sehr an ihren besten Freunden und bringen sich sogar in Gefahr für sie: Streiten sich zwei Böcke (= männliche Schafe), dann bleibt ein Unbeteiligter immer in der Nähe, um seinen Freund sofort durch Körperkontakt zu beruhigen, wenn der Streit vorbei ist.

Auch Esel sind überhaupt nicht gerne alleine und leben am liebsten in einer Herde. Sie sind bekannt dafür, dass sie sehr innige Zweierbeziehungen eingehen. Wird ein Freund aus der Gruppe herausgenommen, dann trauern Esel.

Genau wie Esel sind auch Pferde Herdentiere, wobei ihre Gruppen oft etwas größer sind. Pferde dürfen nicht alleine gehalten werden. Sie brauchen unbedingt ihre Freunde, um glücklich und zufrieden zu sein.

Fledermäuse pflegen sehr enge Freundschaften – sogar über viele Jahre hinweg. Befreundete Tiere suchen immer wieder gemeinsame Schlafplätze auf und verbringen sogar ganze Winter zusammen. Indem sie ihre Nasen aneinander reiben, erkennen sie sich wahrscheinlich am Geruch und auch an der Stimme.

Die Freundschaften unter Affen sind etwas ganz Besonderes. Affen, die richtig gute Freunde haben, sind viel entspannter und glücklicher. Viele Affen teilen mit ihren besten Freunden ihr Futter und passen sehr aufmerksam aufeinander auf.

Delfine sind nicht nur richtig schlau, sondern auch sehr gute Freunde. Oft schwimmen sie lange nebeneinander und wenn sie Sehnsucht nach ihrem Freund haben, dann rufen sie ihn.

Auch unter Elefanten gibt es lebenslange Freundschaften. Afrikanische Elefanten gelten als besonders treue Freunde. Sie drücken ihre Zuneigung auch durch ihre Körpersprache aus: ganz liebevoll umarmen sie ihren Freund mit dem Rüssel.

Dass auch Tiere miteinander befreundet sein können, die gar nicht zur gleichen Art gehören, ist schon sehr besonders, oder?

Sicherlich kennst du Katzen und Hunde, die sich gut verstehen, obwohl sie von ihrer Natur her so unterschiedlich sind. Dennoch kommt eine solche Freundschaft gar nicht selten vor – vor allem dann, wenn sie ihr Zuhause gemeinsam in einer Familie gefunden haben.

? Hättest du das für möglich gehalten?

In der Natur gibt es richtig ungewöhnliche Freundschaften zwischen Tieren: Affen, die junge Katzen bemuttern. Kleine Hamster, die es sich auf einer Schlange gemütlich machen. Nilpferde, die mit Schildkröten schmusen. Elefanten, die sich gemeinsam mit Schafen im Schlamm wälzen und dabei viel Freude haben. Auch Raubtiere wie Löwen sind beobachtet worden, als sie Antilopen „adoptiert" haben. Aber wie kann das sein? Löwen fressen doch eigentlich Antilopen? Offenbar war der Mutterinstinkt stärker als der Hunger.

Kann es wirklich echte Freundschaft und wahre Zuneigung zwischen zwei völlig unterschiedlichen Tierarten geben? Die Forscher sind sich nicht ganz einig. Ganz sicher ist es falsch, das Verhalten von Tieren exakt mit dem von Menschen zu vergleichen. Nur weil sie sich ähnlich verhalten, empfinden sie noch nicht wie wir … und dennoch gibt es unzählige Berichte und Fotos, die zeigen, wie sehr sich Tiere gerne haben (sowohl verwandte Tiere als auch solche, die unterschiedlichen Arten angehören).

Tiere können uns nicht sagen, was sie fühlen. Und Gefühle lassen sich nicht messen. Aber bei dem Anblick so mancher Tierliebe ist es doch kaum möglich, an den Gefühlen der Tiere füreinander zu zweifeln. Die Menschen sollten Tiere mit ihren Herzen sehen, dann würden sie sicher wissen, dass sie all das fühlen können, was wir auch fühlen.

Besonders Haustiere, die bei Menschen leben (z. B. Hunde, Katzen, Pferde, Hamster, Kaninchen, Vögel oder auch Fische), sind abhängig davon, dass sie gut versorgt werden. Sie können ja nicht selbst Futter einkaufen, saubermachen und aufräumen oder zum Arzt gehen. Auch entscheiden die Menschen, mit wem sie zusammenleben sollen. Das Tier kann sich seine Freunde meistens nur unter wenigen anderen Tieren aussuchen.

Manchmal verstehen sich Haustiere, die von Menschen zusammengebracht wurden, sehr gut. Es ist natürlich toll, wenn sie glücklich mit ihren Freunden sind und es ihnen auch ansonsten an nichts fehlt.

Es kann aber auch vorkommen, dass sich Tiere nicht mögen – auch wenn die Menschen sich das noch so sehr wünschen. Dann kommt es zum Streit. In der Natur können sich Tiere oft aus dem Weg gehen, aber wenn sie bei den Menschen gemeinsam wohnen, ist das manchmal nicht möglich. Das bedeutet dann für alle Stress.

In der Natur sind die Herden natürlich viel größer. Sie halten meist zusammen wie eine Familie. Hier finden sich leicht Altersgenossen und Freunde.

Zum Nachdenken

Stell dir mal vor, in deinem Leben wären nur zwei oder drei weitere Kinder. Besonders gut leiden kannst du sie alle nicht. Außerdem hast du den Eindruck, sie nehmen dir viel weg. Das ist ein unangenehmes Gefühl, oder? Vielleicht kannst du dir jetzt ein bisschen vorstellen, wie es manchen Haustieren geht, die abhängig von Menschen sind. Es ist doch viel schöner, wenn man richtig gute Freunde um sich hat!

Wenn Freunde auseinandergehen…

Nicht alle Freundschaften halten ein Leben lang. Wenn man sich besonders gut versteht, dann wünscht man sich das natürlich, aber das geht nicht immer in Erfüllung. Sowohl befreundete Tiere als auch menschliche Freunde trennen sich manchmal voneinander, und zwar aus ganz unterschiedlichen Gründen.

Wenn Tiere ihren besten Kumpel verlieren, dann trauern sie. Das ist ganz normal, weil ein Verlust immer schmerzt. Auch bedeutet das eine Veränderung im Leben des Tieres. Damit muss es erst zurechtkommen. Das braucht immer etwas Zeit!

So schmerzhaft eine Trennung auch sein kann, sie bringt oft etwas Neues, vielleicht sogar etwas ganz Wundervolles mit sich. Ein Verlust ist zwar ein Ende, aber auch immer ein Anfang – möglicherweise von einer neuen und liebevollen Freundschaft, die ganz viel unerwartete Freude bringt.

Was hilft mir bei Traurigkeit?

Jeder erfährt Trennungen, die wehtun. Traurigkeit ist etwas ganz Normales und manchmal kann sie dir sogar helfen, stärker zu werden. Höre auf dein Gefühl! Möchtest du lieber alleine sein oder magst du gerne mit jemandem reden? Das hilft oft. Wer sehr traurig ist, dem können Zuwendung und Aufmerksamkeit gut tun. Dadurch wird der Herzschmerz etwas weniger. Und wie jedes andere Gefühl auch, löst sich die Trauer ebenfalls irgendwann langsam auf.

Der Elefantenflüsterer

Auch Menschen und Tiere können sehr eng miteinander befreundet sein. Manche Menschen haben ein richtig großes Herz für Tiere und schätzen sie sehr. So sehr, dass sie alles für die geliebten Tiere tun, damit ihnen nichts passiert und sie so glücklich sein können, wie sie es verdient haben.

So ein Mensch war Lawrence Anthony, der Elefantenflüsterer. Er liebte die Dickhäuter über alles und ist in Südafrika bis heute eine Legende, weil er etwas ganz Besonderes für die Tiere getan hat – und die Elefanten wussten das ganz genau. Sie liebten ihren Menschen genauso und haben durch ihre Liebe deutlich gezeigt, dass echte Freundschaft und wahre Zuneigung nichts trennen kann…

Der tierliebe Mann kaufte vor vielen Jahren ein Wildreservat in Südafrika. Dort gibt es sehr viel Platz für die großen Tiere, die ihm so wichtig waren. Er nannte diesen Ort „Thula Thula" (= Frieden und Ruhe). Eines Tages bekam er einen unerwarteten Anruf. Es wurde ganz dringend seine Hilfe gebraucht: Eine wilde Elefantenherde war sehr in Not geraten. Den Tieren ging es unglaublich schlecht. Sie hatten Schlimmes erlebt und gesehen. Dadurch waren die Elefanten traurig, wütend und sehr ängstlich. Weil die Tiere so in Panik waren, versuchten sie ständig wegzulaufen, was sie aber noch mehr in Gefahr gebracht hätte. Leider konnten die Menschen ihnen das natürlich nicht erklären.

Zum Nachdenken

Du kannst dir bestimmt vorstellen, dass ein wütender Elefant ganz schön gefährlich werden kann. Er ist ja viel größer und schwerer als ein Mensch. Und wer wütend ist, der „hört" auch nicht mehr zu. Wut und Angst hängen nämlich oft miteinander zusammen: Wer Angst hat, möchte sich selbst und seine Familie schützen, damit nichts Böses mehr passiert. Auf dem Bild rechts kannst du erkennen, wie riesig und stark ein ausgewachsener Elefant ist.

Die Elefanten wussten genau, dass sie in Gefahr waren, darum wollten sie ganz schnell flüchten von diesem Ort, an dem sie so schlecht behandelt wurden. Sogar elektrische Zäune hielten sie nicht auf. Der Einzige, der diesen verängstigten Tieren nun noch helfen konnte, war der Elefantenflüsterer, denn er war bekannt dafür, wie einfühlsam und liebevoll er mit den Dickhäutern umging. Dennoch war das eine wirklich sehr schwierige Aufgabe. Wie sollte er sich denn nur den Elefanten verständlich machen?

Wenig später stand der alte Mann, der viel Erfahrung mit Elefanten hatte, Nana, der Anführerin der Gruppe, gegenüber. Zwischen ihnen war nur ein Elektrozaun, der die wütende Elefantendame und ihre Familie nie und nimmer von der Flucht hätte abbringen können. Sie hätten mit Leichtigkeit hindurchlaufen können. Das wäre natürlich sehr gefährlich gewesen – auch für den Elefantenflüsterer. Aber es sollte anders kommen:

Obwohl sich der weise Mann in höchster Gefahr befand, sprach er ganz leise und sanft mit den Elefanten. Er „erzählte“ ihnen immer wieder, dass sie unbedingt hinter dem Zaun bleiben müssten, damit er ihnen helfen könne. Er würde ihnen ein schönes Zuhause geben und auf sie alle aufpassen. Er versprach ihnen fest, immer bei ihnen zu bleiben.

Und so gelang ihm das Undenkbare: Er gewann das Vertrauen dieser ängstlichen Tiere, denn die Elefanten spürten instinktiv, dass sie nicht belogen wurden. Der Elefantenflüsterer hatte ihnen die Wahrheit gesagt und setzte auch alles um, was er versprach. Er gab ihnen das schönste Zuhause, das sie sich vorstellen konnten. Sie waren alle sicher und behütet.

Durch die Zuwendung und die Liebe, die der Elefantenflüsterer den Tieren gab, konnten sie sich mehr und mehr entspannen. Sie fassten wieder Vertrauen in die Menschen. Die Elefanten fühlten sich verstanden und angenommen. Das machte sie zu richtig glücklichen und dankbaren Tieren.

Das Reservat, in dem die Elefanten nun ihr neues Zuhause gefunden hatten, war riesig. Und so konnten sie viel in der Natur umherziehen. Es gründeten sich neue Familien, die den Platz, die viele Nahrung und die Sicherheit genossen.

Auch der Elefantenflüsterer war sehr glücklich, dass er so vielen Tieren helfen und ihnen ein so schönes Zuhause bieten konnte. Nun war er mittlerweile aber viel älter und müder geworden. Vor einigen Jahren schlief der alte Mann für immer ein. Seine Familie war sehr traurig darüber. Aber dann geschah etwas Unerwartetes und einfach unglaublich Schönes: Obwohl die Elefanten natürlich nicht wissen konnten, dass ihr Lebensretter sie verlassen hatte, müssen sie es irgendwie gespürt haben. Eine wilde Elefantenherde stand plötzlich zwei Tage später an seinem Haus. Nach und nach kamen viele weitere Elefantengruppen. Tagelang sind sie zusammen gewandert, in Reihen und Schwanz an Rüssel. Viele der Tiere waren schon seit Monaten oder Jahren nicht mehr dort gewesen. Und doch nahmen sie alle den weiten Weg durch das Reservat auf sich, um sich von ihrem geliebten menschlichen Freund zu verabschieden. Sie blieben zwei volle Tage, um dann wieder zurück in den Busch, ihren Lebensraum zu wandern. Seither kommen sie pünktlich jedes Jahr erneut…

Zum Nachdenken

Hättest du vermutet, dass so große und dickhäutige Tiere so feinfühlig sein können? Du siehst, wir können andere Lebewesen nicht nach ihrem Äußeren beurteilen, weil wir nicht wissen, was sie im Inneren fühlen.

♥ Warum man Elefanten einfach lieben muss ♥

Die grauen Riesen sind die größten Landlebewesen auf dieser Erde. Jedes einzelne von ihnen ist etwas ganz Besonderes. Und alle haben sie richtig tolle, beeindruckende Fähigkeiten:

Elefanten sind extrem schlau!
Sie können nicht nur ihr eigenes Spiegelbild erkennen, sondern haben auch ein sehr gutes Gedächtnis. Völlig mühelos erinnern sie sich an weite Strecken zu Futterstellen oder Wasserquellen. Auch andere Elefanten, die sie sehr lange nicht gesehen haben, erkennen sie sofort wieder. Sie erinnern sich noch Jahrzehnte lang an den Geruch eines lieben Freundes.

Sie schützen sich selbst!
Bei Elefanten ist Hautpflege hoch im Kurs. Um sich vor einem Sonnenbrand sowie Ungeziefer zu schützen, werfen sie Sand auf ihre Körper oder suhlen sich im Matsch.

Ihre Rüssel haben ziemlich viele Talente!
Mit ihren langen Rüsseln, die eine Verschmelzung von Nase und Oberlippe sind, können Elefanten nicht nur gut atmen und riechen, sondern auch sehr gut greifen, Wasser und Futter in ihr Maul befördern, sich mit Artgenossen verständigen oder die anderen mit einem lauten Trompetenstoß vor drohender Gefahr warnen. Der Rüssel ist so kräftig, dass er im Kampf zum Einsatz kommt, aber er ist auch so feinfühlig, dass ein Elefant sich ganz vorsichtig Sand damit aus dem Auge reiben kann.

Elefanten können mit den Füßen hören!
Unglaublich, aber wahr: Die Elefantenfüße können tiefe Töne und Erschütterungen im Boden wahrnehmen. Sie wissen sogar, aus welcher Richtung die Geräusche kommen. Wenn Elefanten ihre großen Ohren flach an den Kopf legen und sich auf die Zehenspitzen der Vorderfüße lehnen, dann hören sie den Schwingungen im Erdboden zu. Dadurch erfahren sie von den anderen Elefanten, ob z. B. eine Gefahr droht.

Die Mädchen haben das Sagen!
Eine Elefantenherde wird von der ältesten und weisesten Elefantenkuh angeführt. Sie ist die Chefin und gibt allen Überlebenstipps. Sie stellt sich bei Gefahr vor die anderen, um die Herde zu beschützen. Außerdem kennt sie die meisten Wasserstellen und die besten Weideplätze.

Sie lieben ihre Babys!
Der Schutz ihrer Kinder ist Elefanten extrem wichtig. Die ganze Familie kümmert sich um die Kleinen. Gemeinsam beschützen sie die Jungtiere und „Elefanten-Tanten" umsorgen auch mit viel Liebe die Jungen anderer Weibchen.

Der kluge Hans

Lange wurde vermutet, dass Pferde im Vergleich zu einigen anderen Tierarten eher etwas „dümmlich“ sind. Jahrhunderte lang haben die Menschen Pferde für ihre Zwecke genutzt, und zwar bevor es Autos, Flugzeuge oder Züge gab. Die Pferde haben den Menschen viel in der Landwirtschaft geholfen, damit die Familien genug Nahrung hatten. Sie trugen sie auf ihrem Rücken überall hin und zogen die Kutschen. Aber richtig hingeschaut, wie schlau, sensibel und einfach wunderbar diese Tiere sind, haben vermutlich nur sehr wenige Leute. Und manch einer glaubte sogar, die Klugheit der Pferde entdeckt zu haben, aber bemerkte nicht, dass es dahinter noch etwas viel Größeres und viel Schöneres zu finden gab.

? Hast du dich das schon mal gefragt?

Was bedeutet eigentlich Klugheit? Wann ist jemand für dich besonders schlau? Wenn er oder sie viele wichtige Fragen beantworten kann? Oder eher, wenn jemand ziemlich gut rechnen, lesen und schreiben kann? Findest du, man muss für richtige Klugheit schon groß und erwachsen sein oder können auch Kinder schon ganz schön schlau sein? Wie sieht es mit Tieren aus? Könntest du dir vorstellen, dass sie besondere Dinge wissen und können?

Ein Pferd, das rechnen und lesen kann? Das ist doch nicht wahr!

Oh doch! Das zumindest behauptete Wilhelm von Osten im Jahr 1904 über seinen fünfjährigen Hengst. Angeblich wäre Hans so klug, dass er nicht nur die Grundrechenarten beherrsche, sondern auch buchstabieren und lesen könne. Das Tier sei sogar fähig, Farben, Melodien und Akkorde zu unterscheiden. Ganz schön erstaunlich und unglaubwürdig, oder? Aber die Leute glaubten ihm, denn er konnte es jedem zeigen, der es sehen wollte. Sogar der Kultusminister wollte sich von den Fähigkeiten des Wunderpferdes überzeugen – und war schwer beeindruckt.

Verständlich machte sich „der kluge Hans", der eine richtige Berühmtheit wurde, durch Klopfzeichen mit seinem Vorderhuf. So bewies er allen, dass er die Aufgaben fehlerfrei lösen konnte, denn er lag nie daneben. Dies allerdings aus einem völlig anderen Grund, als alle zunächst dachten…

Sogar ein Professor wurde herbeigerufen, um gemeinsam mit Fachleuten herauszufinden, was an diesem Pferd so anders war. Es konnte doch nicht wirklich sein, dass es so klug war. Aber auch nach vielen Untersuchungen hatten die Wissenschaftler einfach keine Idee, wie das alles möglich sein konnte. Sie waren so schlau wie vorher.

Ausgerechnet ein Hund war des Rätsels Lösung: Innerhalb weniger Wochen gelang es dem Herrchen eines Schäferhundes, ihm die gleichen „Kunststücke" beizubringen. Konnte der Hund auch rechnen und lesen? Natürlich nicht! Er konnte – genau wie der kluge Hans – etwas noch viel Spannenderes: Beide reagierten ganz sensibel auf die absolut kleinsten Kopf- und Körperbewegungen ihrer Besitzer, die andere Menschen gar nicht merkten. Dadurch „wussten" die Tiere, wann eine Antwort richtig war.

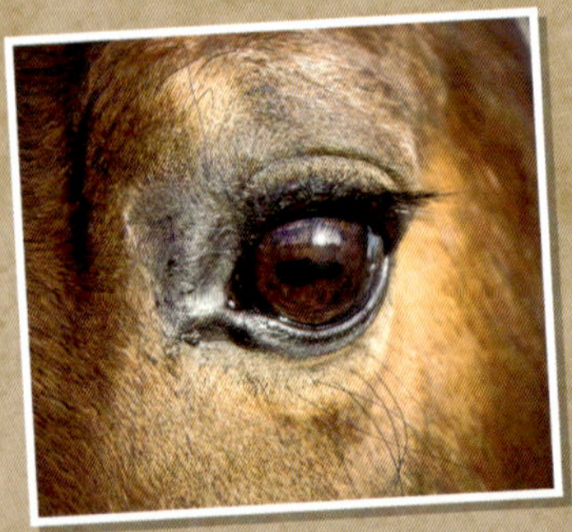

Natürlich musste das „Wunderpferd" erneut überprüft werden und siehe da: War sein vertrauter Mensch nicht anwesend (oder wusste gar selbst die Antwort auf eine Frage nicht), dann wusste sie der Hengst auch nicht, weil er an seinem Besitzer keinerlei Veränderung sah, die ihm das verraten hätte.

Zum Nachdenken

Ist diese Leistung vom klugen Hans nicht unfassbar? Immerhin ist er von vielen Menschen (und sogar Wissenschaftlern) genau beobachtet worden und keiner hat gesehen, was er gesehen hat: die Antworten aller Fragen im Verhalten seines Besitzers. Eine solche Beobachtungsgabe ist einfach großartig. Pferde sind erstaunliche Menschenversteher. Sie können ganz genau sehen und spüren, was in uns vorgeht und was wir fühlen. Wenn Pferde von ihrer Natur her so empfindsame und sensible Wesen sind, was denkst du, wie sie behandelt werden möchten?

Dass Pferde so erstaunlich gut Veränderungen im Verhalten anderer Lebewesen erkennen, ist keine Zauberei, sondern liegt vielmehr in ihrer Natur. Pferde sind freilebende Tiere, die in der Steppe (in Amerika oder Afrika) beheimatet sind. Sie leben in der Gruppe zusammen in der Wildnis. Dort sind sie aber nicht alleine. Sie müssen alle gegenseitig aufeinander aufpassen, damit sie nicht von Raubtieren (zum Beispiel Löwen) entdeckt und gejagt werden.

Pferde „unterhalten" sich fast nur über ihren Körper miteinander. So werden sie von Raubtieren nicht gehört und fühlen sich sicherer. Damit ihnen nichts in ihrer Umgebung entgeht, können sie viel besser sehen und hören als wir Menschen. In kürzester Zeit bemerken sie, dass Gefahr droht und „berichten" das ganz schnell den anderen Tieren in ihrer Herde. Alle rennen nun gemeinsam schnell weg.

Pferde sind absolute Experten im Beobachten, Hinsehen und Zuhören. Sie können Gefühle entschlüsseln – sowohl bei anderen Tieren als auch bei Menschen. Sie können fühlen, was wir fühlen und reagieren dann natürlich auch darauf.

Pferde merken sogar, wenn unsere Stimme, unser Gesichtsausdruck oder unser Verhalten nicht zu dem passen, was wir im Inneren fühlen. Niemand kann ein Pferd täuschen. Sie selbst können zwar nicht lügen, aber sie merken alle sofort, wenn sie belogen werden. Ehrlichkeit und Natürlichkeit wissen sie dagegen sehr zu schätzen.

♥ Warum man Pferde einfach lieben muss ♥

Jedes Pferd auf dieser Welt hat eine eigene Persönlichkeit, also einen Charakter. Und auch jedes hat besondere Eigenschaften und Talente. Alle fühlen sie Schmerz, Angst, Trauer und manchmal Wut, aber alle können auch lieben, Spaß haben und richtig gut zusammenhalten. Schau mal, was Pferde so besonders liebenswert macht:

Die Familie ist für sie das Größte!

Pferde mögen Ruhe, Frieden und Freundlichkeit. Ihre Herde ist ihnen das Wichtigste. Sie lieben ihre Kinder und ziehen sie mit viel Fürsorge, aber auch etwas „Strenge“ groß, damit aus den Fohlen später richtig kluge und starke erwachsene Pferde werden.

Pferden ist das Aussehen egal!

Sie sehen anderen Lebewesen vielmehr direkt in ihre Herzen und erkennen nur dort Schönheit. Für sie zählt einzig die Persönlichkeit – ganz gleich, was man macht, sie lassen sich nichts vorspielen.

Sie sind ziemlich lustig!

Wenn Pferde etwas Interessantes riechen, dann „flehmen“ sie. Es sieht wirklich verrückt aus, wenn sie versuchen, einen spannenden oder neuen Geruch in sich aufzunehmen.

Pferde finden immer nach Hause!

Ihr Orientierungssinn ist unglaublich. Ein Pferd weiß immer, wo es ist, wo es hin will und wie es zurückfindet – sogar bei Schnee, Regen, Sturm oder im dichten Nebel. Darauf ist Verlass!

Auf die Fähigkeiten kommt es an!
Die Leitstute einer Herde ist nicht unbedingt das größte und stärkste Pferd in der Gruppe. Aber sie ist sicher mutig, weise, liebevoll und ziemlich klug. Jeder vertraut ihr, denn sie trifft wichtige Entscheidungen, die alle betreffen. Außerdem zwingt sie niemanden, bei ihr zu bleiben. Alle folgen ihr freiwillig.

Pferde sind hilfsbereit!
Gerne helfen sie sowohl anderen Tieren als auch Menschen – und sie sind ziemlich gut darin. Nicht umsonst werden sie richtig erfolgreich eingesetzt bei der Behandlung von Krankheiten. So zum Beispiel beim „therapeutischen Reiten" oder wenn jemand schlimmen Stress oder Angst hatte. Sie tun den Menschen (und auch Tieren) richtig gut und beruhigen sie wieder.

i Die Geschichte der Legende „Halla"

Im Jahr 1945 wurde ein Fohlen geboren, dem man nicht viel zutraute. In den Augen der Menschen war es nichts Besonderes. Außerdem merkte man schnell, wie „schwierig" und „zickig" die Stute war. Das änderte sich auch nicht, als sie älter und größer wurde. Tatsächlich war Halla, wie man sie nannte, auch ziemlich erfolglos im Rennsport. Natürlich fühlten sich die Menschen bestätigt, dass das „willensstarke" Pferd zu nichts zu gebrauchen war, bis Hallas großes Talent zufällig entdeckt wurde: Springen. Obwohl sie besser war als die anderen Pferde, kam aber kein Reiter mit ihr klar. Darum blieb sie weiterhin erfolglos, bis der junge Springreiter Hans Günter Winkler sie entdeckte. Die beiden passten perfekt zusammen und Halla fühlte sich wohl bei ihm. Die beiden feierten gemeinsam richtig viele Erfolge im Springsport und dann wurde Halla sogar zur Legende: Im Jahr 1956 trug sie ihren Reiter, der sich vorher schwer verletzt hatte, aber trotzdem teilnehmen wollte, alleine über die olympischen Hindernisse, und zwar fehlerlos. Sie gewannen Gold. Halla war nun sehr berühmt und beliebt. Darum darf bis heute kein anderes Pferd offiziell den Namen „Halla" tragen.

Von Märchen und Legenden

Die Geschichte von Halla zeigt, wie schnell es passieren kann, dass man ein anderes Lebewesen für nicht gut genug hält. Nur weil Halla „schwierig" war und einen eigenen Kopf hatte, dachte man zunächst, sie wäre „unbrauchbar". Dabei hat sie vermutlich immer wieder versucht, den Menschen aufzuzeigen, was sie brauchte. Sie wurde einfach nicht verstanden. Als sie endlich jemand akzeptierte, wie sie war, hat sie alles für diesen einen Menschen gegeben. Das hätte vorher wahrscheinlich niemand für möglich gehalten. Solche Missverständnisse kommen gar nicht so selten vor. Besonders dann, wenn alle nur deshalb etwas glauben, weil es ihnen erzählt wurde…

Bringen schwarze Katzen Unglück?

Ganz sicher nicht! Das ist ein Irrtum, den auch leider heute noch einige Menschen glauben. Wie ist das geschehen? Während Katzen in Ägypten als „heilig" galten, wurden sie gegen Ende des Mittelalters in Europa verteufelt. Man hatte die Idee, dass sie das Böse verkörperten. Schwarz war außerdem eine gefährliche, „dämonische" Farbe. Darum nahm man an, dass sich böse Hexen in schwarze Katzen verwandelten und dann unerkannt Unheil verbreiten konnten. Tatsächlich musste sich früher also jeder, der eine schwarze Katze hatte, fürchten.

Zum Nachdenken

Dass schwarze Katzen Unglück bringen, ist natürlich völliger Blödsinn. Es sind ganz genau wie weiße oder bunte Katzen liebenswerte Wesen, die Eigenheiten und Besonderheiten haben. Allerdings hat die Fellfarbe damit gar nichts zu tun. Man kann kein Lebewesen auf dieser Welt aufgrund seiner Farbe beurteilen. Zu behaupten, dass ein braunes Pferd immer schneller laufen würde als ein graues, wäre doch auch wirklich seltsam, oder? Wie siehst du das?

Schau mal, was es noch für tierische Missverständnisse gibt:

Verraten die Marienkäfer-Punkte das Alter?

Würde das stimmen, dann wären einige Marienkäfer richtig alte Opas. Die Punkte auf dem Panzer stehen nicht für das Alter, sondern die Käferart. Marienkäfer haben alle ihr gesamtes Leben lang stets die gleiche Anzahl an Punkten.

Sind Hummeln zu dick zum Fliegen?

Dieses Gerücht ist durch einen Scherz unter Wissenschaftlern entstanden, da Hummeln im Verhältnis zu ihrem Körpergewicht ziemlich kleine Flügel haben. Wären Hummeln Flugzeuge, dann könnte sie tatsächlich nicht fliegen, aber sie sind ja viel kleiner und leichter. Weil ihre Flügelchen rasend schnell kreisen können, fliegen Hummeln sogar ziemlich gut.

Sind Elstern wirklich Diebe?

Darüber, wie gerne Elstern Schmuck klauen und diesen in ihre Nester tragen, gibt es viele Geschichten. Tatsächlich aber sind das nur Märchen. Forscher haben herausgefunden, dass Elstern sich gar nicht für glänzende Dinge interessieren.

Wie dumm sind Schafe?

Schafe haben zwar den Ruf, dumm und eher langsam oder schwerfällig zu sein, aber das Gegenteil ist der Fall: Sie sind laut neuester Studien ziemlich klug. Man konnte nachweisen, dass Schafe viel nachdenken und klare Entscheidungen treffen können. Außerdem entwickeln sie richtige Gewohnheiten. Schafe können sich auch viele Gesichter über einen längeren Zeitraum merken.

Sind Esel tatsächlich so stur?

Wenn ein Esel stehenbleibt und sich weigert, weiterzugehen, dann hat das selten etwas damit zu tun, dass er ungehorsam ist oder gemein sein will. Er hat einfach nur Angst. Fühlen sich Esel unsicher, bleiben sie wie angewurzelt stehen, um sich alles in Ruhe anschauen zu können. Das ist doch verständlich, oder?

Warum sind Schweine so schmutzig?

Alle Schweine wälzen sich im Schlamm und sehen dann zugegeben ziemlich dreckig aus. Das machen sie aber alle aus einem sehr wichtigen Grund: Sie schützen sich vor Insekten. Ist es richtig warm draußen, dann ist die Schutzschicht aus Schlamm sogar überlebenswichtig, und zwar zur Kühlung. Forscher haben herausgefunden, dass Schweine ansonsten Sauberkeit sehr zu schätzen wissen.

Wofür haben Zebras Streifen?
Lange hat man angenommen, dass Zebras ihre Streifen haben, um von hungrigen Löwen nicht so schnell entdeckt zu werden. Das stimmt aber nicht. Wissenschaftler haben kürzlich herausgefunden, dass Zebras durch ihre Streifen vor einer gemeingefährlichen Stechfliege geschützt werden, die es auf sie abgesehen hat und durch das Muster irritiert wird. Dadurch werden Zebras nicht so oft gestochen und bleiben länger gesund. Ziemlich schlau, oder?

Wechseln Chamäleons ihre Farbe zur Tarnung?
Ein entspanntes Chamäleon gleicht die Farbe seines Körpers der des Untergrundes an. Selber bestimmen können Chamäleons die Farbwahl aber nicht. Außerdem hat ihre Farbe ganz häufig mit ihrer Stimmung zu tun – also auch mit Gefühlen. So leuchten die Farben eines Chamäleons noch greller, wenn es sauer ist. Zudem dient der Wechsel der Farben auch der Verständigung – also, um sich anderen mitzuteilen. Wer hätte gedacht, dass Chamäleons so sensibel sind?

Sind Koalas Bären?
Die Bezeichnung „Koalabär“ gibt es überhaupt nicht. Tatsächlich ist der Koala ein Beuteltier und kein Bär. Verrückt, wie hartnäckig sich manche Gerüchte halten!

Dürfen aus dem Nest gefallene Vögel berührt werden?
Vögel können nicht besonders gut riechen. Darum ist es nur ein Märchen, dass die Vogelmutter ihr Junges verstößt, wenn ein Mensch es angefasst hat. Junge, nackte Vogelkinder können wieder vorsichtig ins Nest gelegt werden. Hole dir dabei aber immer Hilfe von einem Erwachsenen, da die Nester oft hoch hängen!

Wann brauchen junge Vögel Hilfe?

Oft brauchen junge Vögel, die alleine unterwegs sind, gar keine Hilfe. Sie sind dabei, erwachsen zu werden. Das erkennst du gut daran, dass sie bereits Flaum und Flügel haben. Sie sind schon Teenager, die gerne lernen wollen – vor allem das Fliegen. Der Mensch sollte nur in echten Notsituationen eingreifen.

Du hast nun einige Beispiele darüber gelesen, wie Menschen Tiere missverstehen und ihnen Eigenschaften oder Verhaltensweisen andichten. Es gibt sicherlich noch hunderte von weiteren Märchen und Legenden, die über Tiere verbreitet werden, obwohl sie falsch sind. Den Tieren ist das wahrscheinlich egal – sie wissen es ja nicht. Aber manchmal können Gerüchte auch dazu führen, dass jemand unfair behandelt wird. Wenn man ein anderes Lebewesen nicht versteht, dann passiert es leicht, dass man Dinge sagt und tut, die schaden können, obwohl es vielleicht gar nicht so gemeint war…

Zum Nachmachen

Kein Mensch auf dieser Welt weiß alles. Es ist darum wichtig, dass du Dinge, die dir erzählt werden, überprüfst. Das kannst du zum Beispiel tun, indem du nachfragst. Wer Fragen stellt, ist nicht dumm, sondern interessiert. Und wer interessiert ist, der will mehr wissen und sich bilden. Das ist schlau! Nicht alles, was erzählt wird, ist wahr. Wenn dir etwas irgendwie komisch vorkommt oder du etwas noch nicht richtig verstanden hast, dann besorge dir mehr Informationen! Reagiert jemand unfreundlich auf deine Fragen, dann weiß er meist selbst nicht mehr und möchte das verbergen. Gib jetzt nicht auf, sondern frage einfach jemanden, der es besser weiß! Wer könnte das sein?

Wenn alle Menschen davon ausgehen würden, dass Tiere überhaupt keine Gefühle haben, dann würde keiner bemerken, wenn ein Tier Freude empfindet und spielen möchte. Keiner würde mitbekommen, wenn ein Tier jemanden sehr gerne mag. Und auch keiner würde feststellen, dass es leidet und unbedingt Hilfe braucht. Menschen können anderen mitteilen, dass sie Schmerzen haben. Tiere teilen sich zwar anders mit, aber sie tun es dennoch – nur wird ihnen oft nicht richtig „zugehört".

Auch Tiere empfinden Schmerzen:

Verletzte Kaninchen kneifen die Augen zusammen und legen die Ohren an, wenn ihnen etwas wehtut. Auch ihre Barthaare werden plötzlich ganz steif.

Neue Forschungen haben bewiesen, dass auch Fische Schmerzen empfinden. Sie haben nämlich auch Nerven. Studien haben gezeigt, dass Fische nicht nur sehr klug sind, sondern auch sehr sensibel und lernfähig.

Wölfe zeigen sehr ungern, dass sie verletzt sind. Sie haben Sorge, zu leichten Opfern zu werden. Daher verbergen sie manchmal ihren Schmerz, um sich selbst gut zu schützen.

Auch Vögel haben Schmerzen. Hühner entschieden sich in einer Studie freiwillig für Futter mit Medizin, wenn es ihnen schlecht ging. Das zeigt, dass sie nicht nur Schmerzen empfinden, sondern auch ziemlich schlau sind. Das Futter ohne Schmerzmittel wäre bestimmt leckerer gewesen, hätte ihnen aber nicht geholfen.

Pferde sind Flucht- und Beutetiere. Daher müssen sie sich selbst immer gut schützen, um keinen Raubtieren zum Opfer zu fallen. Während wir Menschen laut aufschreien, wenn wir Schmerzen haben, tun Pferde das nicht. Sie haben keinen Schmerzlaut, damit sie von Feinden nicht gehört werden, wenn sie verletzt sind. Dennoch kann man gut erkennen, wenn ein Pferd leidet. Es legt sich hin, wälzt sich hin und her und schwitzt vielleicht auch. Manchmal geht es lahm mit einem Bein oder trinkt und frisst nicht mehr.

Neuerdings weiß man, dass sogar Insekten ein hohes Schmerzempfinden haben. Das ist kaum zu glauben, oder? Tatsächlich aber haben Forscher herausgefunden, dass Insekten nicht nur plötzliche Schmerzen wegen einer Verletzung haben können, sondern sogar ständige, langanhaltende. Etwas, das eine Fliege mal als schmerzhaft empfunden hat, versucht sie zukünftig zu vermeiden. An alten Wunden bleiben sie richtig empfindlich.

Dass Hunde und Katzen Schmerzen spüren können, würde vermutlich fast jeder Besitzer bestätigen.

i Woran erkenne ich Tierleid?

- Es hält seinen Körper anders (z. B. eingezogener Bauch).
- Es bewegt sich anders (z. B. hinkendes Bein).
- Es verhält sich anders (z. B. Unruhe).
- Es frisst und trinkt anders (z. B. Verweigerung).
- Es sieht anders aus (z. B. die Augen/das Fell).

Nur weil sich ein Tier bei Schmerzen anders verhält als ein Mensch, heißt das nicht, dass es nicht leidet. Während einige Raubtiere bei einer Verletzung lauthals aufschreien, können sich Fluchttiere das meist nicht leisten. Sie behalten den Schmerz für sich, damit das andere nicht ausnutzen können. Jedes einzelne Lebewesen hat immer Gründe für sein Verhalten – auch, wenn das nicht immer direkt für uns verständlich ist. Manches Verhalten ist Instinkt, also ganz natürlich und angeboren. Anderes Verhalten haben sich die Tiere bei den Großen abgeschaut – es ist also erlernt. Beides ist wichtig, um überleben zu können.

Zum Nachdenken

Ist das eine Verhalten „besser" als das andere, nur weil man es von sich selber kennt? Ganz sicher ist es dann leichter zu verstehen: Wenn ein Hund vor lauter Schmerzen jault, erkennt man schnell, dass es ihm schlecht geht. Aber ist sein Schmerz schlimmer als der von einem verletzten Reh, das nicht auf sich aufmerksam machen möchte? Ist das Leid des einen Lebewesens „wichtiger" als das von einem anderen?
Alle Gefühle (auch Freude, Angst, Traurigkeit oder Ärger) äußern sich ganz unterschiedlich. Sind sie nur dann „wertvoll" und echt, wenn wir sie genauso empfinden?

Etwas ganz Besonderes

Jedes Lebewesen auf dieser Erde ist einzigartig. Das bedeutet, dass niemand exakt genauso ist wie ein anderer. Natürlich sind wir alle unseren Eltern und anderen Familienmitgliedern ähnlich, aber auch nicht in allem. Jeder hat und kann etwas ganz Besonderes. Und dabei sind wir alle ganz verschieden. Mit manchen Menschen hat man Gemeinsamkeiten und mit anderen scheint man gar keine zu haben. Du kennst bestimmt Kinder, die ähnliche Interessen haben wie du oder dir sogar ein bisschen ähnlich sehen, aber du kennst auch sicherlich Kinder, die verhalten sich völlig anders als du. Einige Kinder sind eher ruhig und malen viel oder spielen ein Instrument. Andere Kinder dagegen machen viel Sport, sind wild und lauter. Das eine ist nicht „besser" als das andere. Menschen unterscheiden sich oft in ganz vielen Eigenschaften. Das macht auch Sinn: So können wir richtig viel voneinander lernen. Selbst dann, wenn man sich nicht so gut versteht.

Zum Nachdenken

Alle Lebewesen sind auf ihre Weise besonders. Zum Glück sind alle so verschieden. Stell dir mal vor, wir wären alle gleich! Das wäre wahrscheinlich ziemlich langweilig auf die Dauer. Ist jemand völlig anders als du, dann fühlt sich das zwar am Anfang oft komisch an, kann aber auch richtig interessant sein. Wenn du gut beobachtest, dann erkennst du vielleicht das Besondere in diesem Lebewesen und lernst sogar etwas Spannendes dazu. Nun bekommst auch du die tolle Chance, zu zeigen, wie besonders du bist. Manchmal entstehen Freundschaften, wo wir sie am wenigsten erwarten.

Auch Tiere sind genau wie Menschen ganz besonders, und zwar jede Art und auch jedes einzelne Lebewesen. Tiere haben einen eigenen Charakter, oft sogar richtige Vorlieben und Eigenheiten. Manche sind stur, andere sehr freundlich, viele wollen am liebsten spielen und wieder andere übernehmen Verantwortung oder kümmern sich liebevoll um andere.
Natürlich ist jede Tierart verschieden. Für einige ist es sehr wichtig, aufmerksam und konzentriert zu sein. Andere können es sich erlauben, auch mal faul herumzuliegen und die Sonne zu genießen. Einige brauchen unbedingt ihre Gruppe und andere sind gerne ganz alleine unterwegs. So viele Unterschiede es auch gibt, eins ist gewiss: Alle haben erstaunliche und absolut einzigartige Fähigkeiten.

Schau mal, was Tiere für fantastische Besonderheiten haben:

Eisbären haben schwarze Haut!
Obwohl ihr Fell weiß aussieht, stimmt das gar nicht. Die einzelnen Haare von Eisbären sind durchsichtig und hohl, damit so viel Sonnenlicht wie möglich auf ihre dunkle Haut gelangt. Diese speichert die Wärme, damit die Tiere in der Kälte nicht so schnell frieren.

Geparden sind die schnellsten Landtiere!
Sie sind viel schneller, als die Polizei erlauben würde: Geparden erreichen eine Geschwindigkeit von 120 Stundenkilometer. Lange halten sie das aber nicht durch. Nach einem Sprint muss sich die Raubkatze eine Zeit lang ausruhen, um wieder zu Kräften zu kommen.

Elefanten verlieren Wärme über ihre Ohren!
In Afrika kann es ganz schön heiß werden und Elefanten können leider nicht schwitzen. Darum haben sie sich etwas Kluges einfallen lassen: Um nicht zu überhitzen, fächern sie sich mit ihren riesigen Ohren Luft zu, die dann Wärme abgeben. Schlau, oder?

Kolibris brauchen nicht zu laufen!
Diese kleinen Vögel sind nicht nur enorm schnell und flink, sondern können auch rückwärts, nach unten, nach rechts und nach links fliegen. Wer braucht da noch laufen? Kolibris schaffen fünfzig bis achtzig Flügelschläge in der Sekunde, wobei ihre Flügel so stark sind, dass sie sogar in der Luft stehenbleiben können.

Strauße können brüllen wie Löwen!
Die neugierigen und stolzen Tiere sind die größten Laufvögel. Zwar können sie nicht fliegen, dafür aber schnell laufen. Die Männchen (Hähne) können so laut und tief brüllen wie Löwen, wenn sie sich angegriffen fühlen.

Spinnenfäden sind härter als Stahl!
Die baulichen Meisterwerke sind zwar dünner als menschliche Haare, aber viel, viel kräftiger, reißfester und auch dehnbarer. Ein Seil aus Spinnenfäden mit einem Durchmesser von nur 5 cm könnte ein ganzes Flugzeug halten. Die Herstellung dieser genialen Wunderfäden ist aber immer noch ein Geheimrezept der hochbegabten Spinnen.

Schmetterlinge schmecken mit den Füßen!
Die hübschen, farbenfrohen Falter müssen nur auf einer Blüte landen, schon wissen sie, ob diese lecker ist oder nicht. Schmetterlinge haben Sensoren an ihren Beinen, die ihnen das verraten. Praktisch, oder?

Hunde haben einen eigenen Nasenabdruck!
Jede Hundenase ist ein absolutes Unikat. Es gibt sie kein zweites Mal auf der Welt. Der Abdruck, den eine Hundenase hinterlässt, ist genauso einzigartig wie der Fingerabdruck eines Menschen.

Pferde haben Gesichtsausdrücke!
Um sich zu „unterhalten", bewegen alle Pferde ihre Muskeln im Gesicht rund um Ohren, Nase, Augen und Lippen/Maul. Forscher haben ganz viele unterschiedliche Gesichtsausdrücke festgestellt.

Das Nest eines Weißkopfseeadlers wiegt 1 Tonne!
Weißkopfseeadler sind wirklich leidenschaftliche Nestbauer. Jedes Jahr verwenden sie dasselbe Nest und fügen immer mehr Zweige, Gras, Federn und Moos hinzu. Mit der Zeit werden die Nester so groß, dass sie so viel wiegen können wie ein Kleinwagen. Es wurde sogar schon ein Nest gefunden, das 2 Tonnen (= 2000 Kilogramm) wog. Unglaublich!

Nilpferde schwitzen Sonnencreme!
Der Schweiß von Nilpferden ist rot/orange gefärbt, was einen Pinkton ergibt. Aber das wirklich Besondere daran ist, dass er nicht nur die Haut pflegt, sondern sogar vor Krankheiten und einem Sonnenbrand schützt.

Delfine schlafen mit einem offenen Auge!
Im Wasser ist das Ausruhen gar nicht so leicht: Delfine lassen nicht nur ein Auge offen, sondern eine Gehirnhälfte arbeitet, damit sie noch gut atmen können und die Umgebung „im Blick" haben.

♥ Warum man Delfine einfach lieben muss ♥

Sie sind clever, lustig, grandiose Schwimmer und richtig liebenswert. Außerdem haben sie ganz besondere Fähigkeiten, die sie einfach zu richtig spannenden Lebewesen machen. Schau mal:

Delfine sind ziemlich flink!
Die rasanten Schwimmer haben richtig glatte Haut. Daher erreichen sie in der freien Natur eine Geschwindigkeit von bis zu 55 Kilometern pro Stunde. Das ist wirklich richtig schnell!

Sie haben eine Melone im Kopf!
Natürlich keine echte, aber die Verdickung am Kopf sieht ein bisschen aus wie eine Melone. Sie hilft den klugen Tieren, sich im Meer zu orientieren. Wenn ein Delfin Geräusche aussendet, werden die Schallwellen an Gegenstände geworfen. Diese strahlen die Schallwellen dann zurück. Der Delfin nimmt über die Melone die Infos auf und weiß nun genau, wo sich Hindernisse oder Fische befinden – und das sogar mit geschlossenen Augen.

Delfine quatschen ziemlich viel!
Sie pfeifen, klicken und geben viele unterschiedliche (laute) Geräusche von sich, die für das menschliche Ohr aber oft kaum hörbar sind. Und dabei sind sie so unfassbar klug, dass die Forscher bis heute nicht wissen, was sie da so alles erzählen, obwohl sich richtig viele Wissenschaftler seit Jahren damit beschäftigen.

Jeder Delfin hat einen eigenen Namen!
Unglaublich, aber wahr: Delfine entwickeln als Jungtiere einen eigenen Pfeifton (Signaturpfiff genannt), den sie ein Leben lang behalten und an dem sie sich gegenseitig erkennen, wenn sie sich nicht sehen können. Natürlich wird auch über die anderen „gesprochen“, wenn sie nicht da sind.

Delfine sind Wale!
Viele Leute glauben, dass Delfine Fische sind. Das stimmt aber nicht. Sie sind Säugetiere – wie alle anderen Wale. Das erkennt man daran: Sie tauchen auf, um atmen zu können, und haben keine Schuppen, sondern eine ganz glatte Haut. Außerdem trinken die Jungtiere Muttermilch.

Sie sind extrem intelligent!
Ihre Gehirne zählen zu den größten im Tierreich und sie haben eine ganz eigene Sprache mit vielen „Wörtern". Auch mit anderen Tieren scheinen sie sich „unterhalten" zu können. Zudem lernen Delfine richtig schnell und erkennen sich selbst in einem Spiegel. Sie sind also richtig schlau!

Sie haben ein Elefantengedächtnis!
Forscher haben herausgefunden, dass sich Delfine nach mehr als 20 Jahren Trennung noch an die Namen ihrer Artgenossen erinnern konnten, als sie sich wiedersahen. Dabei spielte es keine Rolle, ob die Delfine sich lange kannten oder befreundet waren. Sie wussten einfach alle Namen!

Delfine trauern!
Sie kümmern sich nicht nur gut um ihre Kranken, sondern sind auch sehr traurig, wenn sie einen lieben Artgenossen verlieren – das konnten Wissenschaftler schon mehrfach weltweit beobachten. Gemeinsam nehmen sie sich viel Zeit, um sich zu verabschieden und „bestatten" ihre Lieben sogar im Meer.

Jeder Delfin hat eine ganz eigene Persönlichkeit. Alle sind sie klug, sportlich, lernbegabt, lustig, mitfühlend und richtig sozial, kümmern sich also gerne um andere. Wie sehr, das zeigt dir die folgende Geschichte – obwohl sie auch ein bisschen traurig ist:

Ein tragischer Rettungsversuch

Im Jahr 2013, als Forscher eine Gruppe Delfine im Japanischen Meer beobachteten, wurden sie Zeugen eines wirklich unglaublichen Vorfalls: Ein Weibchen hatte sich schwer verletzt. Es konnte sich kaum mehr bewegen und trieb daher immer wieder auf dem Rücken. Eine Gruppe von zwölf Delfinen kam, um der verletzten Freundin zu helfen. Fünf Tiere schwammen so zusammen, dass sie eine Art Rettungsfloß bildeten, um das kranke Weibchen vor dem Ertrinken zu retten. (Du erinnerst dich: Delfine können unter Wasser nicht atmen.) Alle waren ganz sanft und achteten gemeinsam darauf, dass ihrer Freundin nichts geschah und sie sicher liegen konnte. Damit niemand zu schwach wurde, wechselten sie sich ab. Ein Delfin hielt mit seiner Schnauze den Kopf vorsichtig über Wasser und ein anderer drehte sich um die eigene Achse, um ihn besser zu stützen…

Du ahnst es sicherlich schon: Die Geschichte geht nicht gut aus. Das Delfin-Mädchen war zu schwach und musste leider aufgeben. Aber auch dann noch blieben ihre Freunde bei ihr und kümmerten sich liebevoll um sie. Eine ganze Zeit lang berührten sie sie immer wieder, streichelten ihren Körper und berieselten sie zum Abschied mit Luftblasen. Ist das nicht herzerwärmend? Und wer weiß, wie häufig ein solch fürsorgliches Delfin-Verhalten in der Natur vorkommt, wodurch ein geliebtes Familienmitglied gerettet und wieder gesund wird. Die Menschen sind ja nicht immer da, um das zu beobachten.

Du hast nun ganz viel über die Besonderheiten einiger Tiere gelesen. Das waren bei Weitem nicht alle, sondern nur einige wenige. Es gibt noch so viel zu erkunden und zu erforschen. Sie sind nämlich alle auf ihre einzigartige Weise besonders – genau wie du. Vielleicht denkst du jetzt, dass jemand Besonderes auch etwas ganz Wichtiges tun muss oder Fähigkeiten haben muss, die andere nicht haben. Das stimmt so nicht ganz: Besonders ist, wer ganz und gar er selbst ist! Und manchmal weiß man noch gar nicht, wer man so genau ist und was man alles kann. Das bemerken nämlich alle Lebewesen erst mit der Zeit. Auch du hast Fähigkeiten, von denen du heute noch gar nichts weißt. Und andere kennst du schon ganz gut. Vielleicht kannst du wie ein Gepard schnell laufen und bist sehr sportlich. Oder du kannst dir wie ein Elefant ganz viel gut merken. Erzählst du auch gerne so viel wie die Pferde? Bist du so fürsorglich und mitfühlend wie ein Delfin? Oder bist du stark und kannst so laut brüllen wie ein Löwe? Es gibt unendlich viele Eigenschaften und Talente auf dieser Welt und alle sind besonders.

Zum Nachdenken

Das Tolle an Tieren ist, dass sie nicht versuchen, jemand anderes zu sein. Sie sind einfach sie selbst und das ist ihnen besonders genug. Sie müssen sich selbst gar nicht unter Druck setzen, weil sie fühlen, dass alles zu seiner Zeit passiert und es so viele unerwartete „Wunder“ auf dieser Erde gibt. Das beste Beispiel dafür ist sicher die wunderschöne Verwandlung des Schmetterlings: Von einer kriechenden Raupe wird er plötzlich zu einem bunten Falter. Bestimmt hat er vorher nicht geahnt, dass er mal Flügel haben wird und so hoch fliegen kann.

Tierisch gut geschwindelt

Die Verwandlung von der Raupe zum schönen Schmetterling ist beeindruckend, aber nicht das einzig Besondere, das die Tiere können. Sie täuschen andere auch sehr gut, um sich selbst zu schützen:

Schmetterlinge haben „falsche" Augen.

Mit großen und „drohenden" Augen auf ihren Flügeln versuchen einige Falter ihre Feinde zu täuschen. Für hungrige Vögel sehen die Scheinaugen aus wie die echten Augen gefährlicher Tiere. Aus Angst, selbst zum Opfer zu werden, halten sie sich lieber fern. Forscher haben herausgefunden, dass die falschen Schmetterlingsaugen so real wie möglich aussehen sollten, ansonsten werden sie als „Lüge" enttarnt und können ihre Wirkung verlieren. Die Wissenschaft dachte lange, dass eine auffällige Zeichnung auf den Flügeln ausreiche, aber das stimmt offenbar nicht. Cleverness gewinnt also vor Schönheit!

Zum Nachdenken

Was zählt für dich noch als „erlaubtes Schummeln" und was ist schon eine richtige Lüge? Ist ein „kleiner Schwindel" in Ordnung, um sich einen Vorteil gegenüber anderen zu verschaffen? Wie sieht es aus mit einer Notlüge, die dafür sorgen soll, dass jemand nicht verletzt wird? Muss man immer ehrlich sein und die Wahrheit sagen? Wie fühlst du dich, wenn du bemerkst, dass du getäuscht oder belogen wurdest?

Wer lügt, der sagt etwas Unwahres – und er weiß, dass er das tut. Es geht darum, andere mit Absicht zu täuschen. Ein Irrtum ist allerdings etwas völlig anderes: Wer sich irrt, der will keinen Schaden anrichten und weiß gar nicht, dass er etwas Falsches erzählt hat.
Tiere können nicht richtig lügen – das können nur Menschen. Aber viele Tiere können austricksen, in die Irre führen, sich „verkleiden" oder für Ablenkung sorgen, um sich einen Vorteil zu verschaffen. Wer besonders gut schwindelt oder blufft, der verbessert sein Leben nicht nur, sondern er rettet es dadurch manchmal sogar.

Schau mal, wie gut manche Tiere tricksen können:

Grauhörnchen buddeln „falsche" Löcher!
Ihre „Beute", eine leckere Nuss, halten die klugen Grauhörnchen zwischen ihren Zähnen und tun dann nur so, als würden sie viele Löcher graben, um diese zu verstecken. Ihre Artgenossen wissen daher nicht, wo sich die Nuss tatsächlich befindet und graben etliche Löcher aus, ohne sie zu finden. Die Nussdiebe geben irgendwann genervt auf.
Manchmal verbuddeln die Eichhörnchen ihre Nuss in einem Loch und schieben Blätter und Dreck einfach über ein anderes Fleckchen, sodass dieses aussieht wie ein Vorratsloch, aber keines ist. Wer hier sucht, geht leer aus.

Kohlmeisen machen ihre Feinde nach!
Um alle Leckereien für sich alleine zu haben, ahmen Kohlmeisen (oberes Bild) den feindlichen Ruf eines Sperbers (unteres Bild) nach, obwohl natürlich kein Raubvogel in Sichtweite ist. Schnell bringen sich alle anderen Kohlmeisen in Sicherheit. Nun kann es sich der kleine, freche Singvogel in aller Seelenruhe schmecken lassen.

Um wirklich lügen zu können, muss man fähig sein, zwischen „wahr“ und „unwahr“ zu unterscheiden. Können Tiere das wirklich so wie Menschen? Die Wissenschaftler streiten darüber noch, denn vieles, das Tiere tun, um ein besseres Leben mit mehr Sicherheit zu haben, ist angeboren. Die Tiere haben also meistens keine Entscheidung getroffen, andere zu täuschen, sondern ihre Verhaltensweisen (oder ihr Aussehen) sind ganz natürlich, also instinktiv. Und das machen sie häufig ziemlich clever und ganz schön spannend:

Die Schwebfliege gibt vor, eine Wespe zu sein!

Zugegeben: Sie sieht einer Wespe wirklich zum Verwechseln ähnlich, aber Schwebfliegen haben noch nicht mal einen Stachel. Sie sind „nur“ Fliegen und daher völlig harmlos. Die Täuschung soll ihre Fressfeinde, also Vögel, fernhalten. Mit ihrer schwarz-gelben Tarnung will die Schwebfliege nur gefährlich aussehen. Das nennt man übrigens „Mimikry“.

In Deutschland gibt es bis zu 450 verschiedene Arten der Schwebfliege. Einige sehen allerdings auch aus wie Hummeln oder Bienen.

Vögel täuschen Verletzungen vor!

Amsel-Mütter (oberes Bild) geben bei drohender Gefahr vor, einen gebrochenen Flügel zu haben. Dadurch lenken sie die Aufmerksamkeit eines sich heranpirschenden Feindes auf sich selbst und weg vom Nest, wo sich ihr Nachwuchs befindet.

Das gleiche Verhalten zeigen Regenpfeifer (Bild unten), die am Boden brüten und daher natürlich sehr vorsichtig sein müssen. Sie haben großes schauspielerisches Können, wenn es darum geht, eine Verletzung vorzutäuschen, um ihre Küken zu schützen. Katzen oder Marder denken jetzt, dass die Mama leichte Beute ist und lassen das Nest in Ruhe. Mit kleinen Hüpfern lockt der kluge Vogel den Angreifer immer weiter vom Nachwuchs weg. Ist die Gefahr gebannt, fliegt er einfach davon.

Pandas sind zum Schein schwanger!

Da Pandas eine sehr bedrohte Art sind und auch in Freiheit nur selten Nachwuchs bekommen, leben viele von ihnen in Zoos oder Aufzuchtstationen. So auch die Pandabärin „Ai Hin". Um mehr Brote, Früchte und Bambus zu bekommen, täuschte sie gekonnt eine Schwangerschaft vor. Außerdem wusste sie, dass die Pandas, die Nachwuchs erwarten, in angenehm kühlen Räumen sein dürfen. Die Vorstellung muss ihr gefallen haben und so zeigte die clevere Bärin alle Anzeichen einer Schwangerschaft, um für sich die Vorteile in vollen Zügen auszukosten. Irgendwann ist ihr listiger „Betrug" natürlich aufgeflogen.

Der freche Pavian Paul

Als Forscher in Afrika eine Gruppe Affen beobachteten, wurden sie eines Tages Zeugen einer wirklich interessanten und spannenden Situation: Der kleine Pavian Paul hatte wohl richtig Lust auf eine ganz besondere Leckerei: eine köstliche Knolle, die eine Pavian-Dame gerade mühevoll aus dem Savannenboden gegraben hatte, um sie sich schmecken zu lassen. Paul hatte aber andere Pläne: Zunächst versicherte er sich, dass er unbeobachtet war, um dann plötzlich und unvermittelt laut zu kreischen und zu schreien, wie Paviane es eigentlich nur tun, wenn sie in Gefahr sind. Natürlich eilte seine panische Mutter sofort herbei, um dem Kleinen zu helfen. Da nur das ahnungslose Weibchen anwesend war, nahm Pauls Mutter an, dass diese die Bedrohung für ihr Kind war und jagte sie entschlossen davon. Und Paul? Der machte sich natürlich genüsslich über die leckere Knolle her…

Tatsächlich blieb dieser Vorfall nicht der einzige, den die Forscher beobachten konnten. Paul brachte auch andere Familienmitglieder mit der gleichen Taktik um den Lohn ihrer Arbeit. Ganz schön dreist! Oder doch ziemlich schlau? Wie siehst du das?

♥ Warum man Affen einfach lieben muss ♥

Affen sind Säugetiere und stammen aus der Ordnung der „Primaten“. Diese Bezeichnung leitet sich von dem lateinischen Wort „primus“ ab, was „der Erste“ bedeutet. Affen sind die nächsten tierischen Verwandten, die wir Menschen haben. Sie sind uns also ziemlich ähnlich! Schau mal:

Affen zeigen offen ihre Gefühle!

Mit ihrem Körper und ihrem Verhalten (= Gestik) sowie ihrem Gesicht (= Mimik) drücken Affen ihre Emotionen aus. Das bedeutet, dass sie ganz deutlich zeigen, was sie bewegt, was sie wollen und ob sie glücklich, traurig, wütend oder ängstlich sind – man muss einfach nur genau hinschauen. Was sagt dir dein Empfinden, wie sich die „Menschenaffen“ auf den Fotos fühlen?

? Kannst du unsere Stimmungen erkennen?

Sie sind ziemlich „gesprächig“!

Affen sind bekannt für ihr lautes Gequatsche und viele wilde Gesten. Forscher haben herausgefunden, dass Schimpansen sogar eine eigene Zeichensprache haben, die sich oft von Gruppe zu Gruppe unterscheiden kann. Dabei gilt: Je stärker die Affenhände und -füße zum Einsatz kommen, desto eher bekommt man auch eine Antwort.

Affen sind sehr sozial!

Das bedeutet, dass sie sich untereinander oft richtig gerne mögen, enge Freundschaften haben und auch ihre Familien sehr schätzen. Gegenseitig pflegen sie sich ihr Fell, um zu zeigen, dass sie sich umeinander kümmern und ihnen der andere etwas bedeutet.

Sie sind „Handwerksmeister“!

Affen können Werkzeuge selbst herstellen und sogar geschickt einsetzen. So werden Holzstücke zum Hämmern und Stöcke zum Graben verwendet. Zerkaute Blätter dienen den klugen Tieren als praktische Schwämme.

Affen erkennen sich selbst im Spiegel!

Sie haben also ein Ich-Gefühl. Das heißt, dass sie begreifen, dass sie selbst ihr Spiegelbild sind. Das können nur sehr wenige Tiere. Auch einige Affen erkennen sich selbst nicht direkt im Spiegel, aber viele können es lernen – alles nur eine Frage der Zeit und des Trainings. Das ist ein klares Zeichen für Intelligenz. Immerhin lernen Affen auch viel voneinander und können durch Ausprobieren Probleme lösen. Sie sind eben einfach echt klug!

Spieglein, Spieglein an der Wand...

Jeden Morgen, wenn du in den Spiegel schaust, weißt du sehr sicher: Das bin ich! Du erkennst dich selbst und siehst auch sofort, wenn etwas anders ist (an oder in deinem Gesicht). Das war nicht immer so. Im Laufe deines Lebens hast du erst lernen und begreifen müssen, dass es dich gibt und wer da die Person im Spiegel ist. Irgendwann hast du verstanden, dass das Kleinkind, das du im Spiegel siehst, keine andere Person ist, sondern tatsächlich du selbst. Du hast erkannt, dass es dir deshalb alles „nachmacht". Wie alle Kinder hast du sicher auch ziemlich lustige Grimassen vor dem Spiegel geschnitten, um zu beobachten, was da alles passiert und was du mit deinem Gesicht anstellen kannst. Vielleicht erinnerst du dich nicht direkt daran, aber wie dein Gesicht aussieht, das hast du natürlich nicht vergessen und es weiterhin mehr oder weniger aufmerksam beobachtet. So soll es auch sein!

i Welche Tiere erkennen sich selbst im Spiegel?

Die meisten Tiere, denen Forscher einen Spiegel vor das Gesicht gehalten haben, erkennen in diesem vermutlich nur ein fremdes Tier. Sie wissen oft nicht, dass es sich um sie selbst handelt. Es gibt nur wenige Tiere, die sich selbst im Spiegel erkennen. Ganz sicher kann man aber nie sein, denn einige wird es vielleicht nicht sonderlich interessieren. Sie haben entweder etwas Wichtigeres im Sinn oder sie verstehen es wirklich nicht. Du weißt ja schon, dass sich sowohl Delfine als auch Affen im Spiegel erkennen. Aber z. B. auch Elefanten, Elstern und Orcas (Schwertwale) sind fähig dazu. Sie haben also ein Ich-Gefühl.

Die entscheidende Frage ist doch: Wie findet man heraus, ob sich ein Tier nun tatsächlich selbst im Spiegel erkennt? Da gibt es einen wirklich spannenden Trick, den Wissenschaftler anwenden:

? Wie funktioniert der Spiegel-Test?

Logischerweise kann man Tiere nicht einfach fragen, ob sie begreifen, wen sie da im Spiegel sehen. Daher haben sich Forscher etwas einfallen lassen: An einer Stelle, die das Tier nicht sehen kann, wird es mit einem Farbpunkt markiert (z. B. auf der Stirn). Nur im Spiegel kann es diesen Punkt sehen. Das reicht aber noch nicht, denn immerhin muss das Tier verstehen, dass der Punkt auf der eigenen Stirn da eigentlich nicht hingehört. Was macht es dann? Es betastet ihn und wischt ihn weg! Für die Wissenschaftler ist dieses Verhalten ein Hinweis, dass das Tier sich selbst erkannt hat.

Der Test hat aber auch einen wirklich großen Hacken:

Tiere verlassen sich auf ihren Instinkt. Dabei spielen meistens vor allem der Geruchs- und der Hörsinn eine sehr große Rolle. Das Sehen ist zwar auch wichtig, aber vermutlich ist allen Tieren völlig gleichgültig, wie sie aussehen. Was macht da schon ein Punkt im Gesicht? Gut denkbar, dass sich manche Tiere sehr wohl selbst erkennen, sich aber nicht die Bohne für den Farbklecks interessieren. Dann hätte der Spiegel-Test versagt und würde kein sicheres Ergebnis liefern.

i INFO

Der bekannte Naturforscher Charles Darwin hatte die Idee zu dem Spiegel-Test, als er einen Orang-Utan beobachtete. Gordon G. Gallup Jr. entwickelte ihn dann im Jahr 1970 weiter, sodass der Spiegel-Test bereits seit 50 Jahren in der Forschung zum Einsatz kommt.

Elefanten nutzen Spiegel zur Musterung!

Als Tierpfleger in einem New Yorker Zoo im Jahr 2006 einen 2,5 Meter hohen Spiegel im Gehege der Elefanten aufstellten, konnten sie beobachten, was die Dickhäuter taten, als sie sich selbst im Spiegel erblickten. Offenbar erkannten sie sich direkt alle selbst, denn keines der Tiere „begrüßte" sein Spiegelbild oder griff es an, wie manche Tiere, die sich nicht erkennen, das tun, weil sie glauben, ein fremdes Tier zu sehen. Die Elefanten hingegen begriffen alle sofort, wer da vor ihnen stand, und nutzten diese Möglichkeit sehr sinnvoll: Sie untersuchten ihre Mäuler und andere Körperstellen, die sie ansonsten nicht gut sehen können. Nur eines der drei Tiere wischte sich den Farbpunkt an seiner Stirn weg. Die anderen störte er nicht. Erkannt haben sie sich allerdings alle dennoch! Ganz schön klug, oder?

Schimpansen säubern sich vor dem Spiegel!

Zwar halten die meisten Schimpansen ihr Spiegelbild zunächst für einen Rivalen und reagieren aggressiv, aber sie erkennen sich selbst irgendwann. Zuerst wird dann der störende Farbfleck entfernt und sich daraufhin gründlich an Stellen gereinigt, die sie sonst nicht sehen können. Wer sich genug geputzt hat, zieht dann noch schnell einige lustige Grimassen vor dem Spiegel.

Elstern erkennen sich sofort!

Obwohl die Gehirne von Vögeln im Vergleich klein sind, wischen sich z. B. Elstern nach einem kurzen Blick in den Spiegel einen Farbfleck sofort weg. Damit wollen die hübschen Vögel offenbar nicht gesehen werden.

Gorillas schauen sich nicht in die Augen!

Lange glaubten die Forscher, dass Gorillas nicht dazu fähig sind, sich selbst im Spiegel zu erkennen, weil sie beim Spiegel-Test oft scheiterten. Tatsächlich aber hatten die Gorillas, die den Spiegel nicht beachteten, einen anderen Grund: In der Natur schaut man sich untereinander nicht in die Augen, außer man will Stress und Streit anzetteln. Sie erkennen sich selbst also sehr wohl und haben genau wie andere Affen auch ein Ich-Gefühl. Einzig der Spiegel-Test passt nicht so gut zu ihnen und ihrem Verhalten in freier Wildbahn. Darum erkennen sich auch Gorillas, die bei den Menschen aufgewachsen sind, sofort.

Orcas gucken sich selbst gerne an!

Forscher haben Orcas (Schwertwale) mit einem Farbpunkt im Gesicht markiert. Das fanden sie so interessant, dass sie sich selbst immer wieder im Spiegel begutachtet haben. Ist ja auch spannend!

Schweine nutzen Spiegel, um Futter zu finden!

Zwar erkennen sie sich selbst vermutlich nicht im Spiegel – oder interessieren sich einfach nur nicht für den Farbpunkt in ihrem Gesicht –, aber dafür sind Schweine fähig, verstecktes Futter, das nur mithilfe eines Spiegels gefunden werden kann, zu entdecken. Eine saustarke Leistung! Wer interessiert sich schon für sein Aussehen, wenn er Hunger hat?!

i INFO

Viele Tiere erkennen sich zwar selbst nicht sofort, aber man kann es ihnen oft beibringen. So gelingt z. B. Tauben der Spiegel-Test, wenn sie darauf trainiert wurden.

Auch viele Raben bzw. Krähen erkennen sich selbst im Spiegel. Sie können aber noch etwas ganz besonders Spannendes und Kluges, das sie durch richtig gutes Beobachten gelernt haben:

Krähen lassen Autos Nüsse knacken!

Japanische Wissenschaftler haben Krähen dabei beobachtet, wie diese Nüsse auf die Straße fallen ließen, damit Autos darüber fuhren und so die Schale knackten. Damit die Krähen die Leckereien nachher auch gefahrenlos von der Straße picken konnten, hatte sie einen cleveren Einfall: Sie ließen die Nüsse auf Zebrastreifen knacken, weil sie beobachtet hatten, dass dort die Fahrzeuge oft anhielten, damit die Menschen hinüberlaufen konnten.

Es gibt auf der Welt viel mehr intelligente Tiere, als man lange Zeit glaubte. Viele Tiere überraschen die Menschen einfach immer wieder mit ihrer Klugheit, ihren Fähigkeiten und auch dadurch, dass sie ihre Gefühle zeigen. Die Menschen wissen noch lange nicht alles über Tiere. Ständig entdeckt die Wissenschaft neue und schlaue oder besonders emotionale Verhaltensweisen, die man vorher gar nicht für möglich gehalten hätte. Aber was bedeutet „Intelligenz" eigentlich?

? Wann ist ein Tier „intelligent"?

Intelligent ist, wer Probleme lösen kann und Zusammenhänge erkennt. Er sieht z. B., dass sich zwei Dinge oder Ereignisse sehr ähnlich sind und zieht seine Schlüsse daraus. Auch Lernen und Erinnerungen sind ein Zeichen von Intelligenz. Ganz wichtig ist zudem die Fähigkeit zum Vorausplanen. Das bedeutet, dass ein Lebewesen durch Erfahrungen und Beobachten eine Situation „berechnet" und daher „weiß", was passieren wird. Wer zusätzlich noch frühere Erfahrungen auf eine ganz neue Situation übertragen kann und dabei vollkommen neue, kreative Lösungen entdeckt, der gilt als sehr schlau (wie die klugen Krähen). Lange ging man davon aus, dass Tiere nur nach ihrem Instinkt, der angeboren ist, handeln würden, aber du hast jetzt schon so viele Beispiele von richtig schlauen Tieren gelesen, dass du längst weißt, dass das nicht immer stimmen kann.

Hunde können Strecken berechnen!

Wenn ein Herrchen seinem Hund am Strand einen Stock schräg ins Wasser wirft, springen viele Vierbeiner nicht sofort hinterher, sondern laufen zunächst ein Stück am Ufer entlang. Warum? So scheinen die klugen Tiere zu berechnen, wie sie das Stöckchen am schnellsten erreichen können. Sie überlegen also, welcher der beste Ausgangspunkt ist, um ins Wasser zu laufen. Besonders schlau: Die Hunde berücksichtigen sogar bei ihren Berechnungen, dass sie schwimmend viel langsamer vorankommen als laufend.

Zum Nachdenken

Die Größe des Gehirns ist weder beim Lösen von Problemen noch beim kreativen Denken entscheidend – und natürlich auch nicht bei den Gefühlen, die jemand empfindet. Wir können also festhalten: Aufgrund des Aussehens sollten wir keinem Lebewesen dieser Erde etwas unterstellen. Nur weil wir jemanden anschauen, können wir überhaupt nicht wissen, zu was er fähig ist, was er denkt oder was er fühlt. Das können wir alles nur erfahren, wenn wir uns mit dem Lebewesen beschäftigen, es beobachten und einschätzen lernen. Nur weil wir über jemanden etwas denken, muss das noch lange nicht wahr sein. Wie siehst du das? Hast du schon mal über jemanden etwas gedacht und es stellte sich etwas völlig anderes heraus? Wurdest du schon mal missverstanden oder falsch eingeschätzt? Wie hat sich das für dich angefühlt?

♥ Warum man Hunde einfach lieben muss ♥

Hunde sind neben Katzen die beliebtesten Haustiere und besten Freunde des Menschen. Und das aus sehr guten Gründen: Sie sind nicht nur treu, sondern auch richtig schlau und lernfähig. Forscher haben spannende Fähigkeiten bei den Vierbeinern entdeckt, die man bisher nur bei Menschenaffen und Rabenvögeln beobachtet hatte:

Viele Hunde „wissen“, was Menschen „denken“!

Erst kürzlich haben Wissenschaftler in einem Futter-Test herausgefunden, dass Hunde die Perspektive von Menschen einnehmen können. Das bedeutet, dass sie wissen, was Menschen wissen. Die Hunde beobachteten in dem Experiment, was die Menschen taten und versuchten dadurch mehr Informationen darüber zu bekommen, wo das leckere Futter sein könnte. Dazu hatten sie nur eine Chance: Sie mussten der Blickrichtung der Menschen folgen und dadurch herausfinden, was diese sehen und wissen. Nun galt es zu entscheiden, wem sie trauen konnten und wem nicht. Erstaunlich viele Hunde haben diesen Test bestanden und wurden dann natürlich auch mit den Leckereien belohnt. Durch gezieltes Training lernen die Hunde noch besser darin zu werden.

i Die Sinne von Hunden sind einfach grandios!

- Hunde können wirklich viel, viel besser riechen als wir. Sie riechen sogar Krankheiten und können wahrnehmen, dass ein Familienmitglied schwanger ist. Ihre Nasen sind echte Meisterwerke!
- Hunde können sogar unsere Gefühle „riechen“. Dabei nehmen sie kleinste Veränderungen im Geruch wahr, wodurch sie herausfinden, wie sich ihre Lieblingsmenschen fühlen.
- Sie hören auch viel besser als Menschen: Hunde erfassen Tonhöhen von 15 bis 50.000 Hertz (= Anzahl von Schwingungen pro Sekunde). Menschen können zwischen 20 und 20.000 Hertz wahrnehmen. Ein bekanntes Beispiel dafür ist die Hundepfeife, die wir Menschen nicht hören können, während Hunde sie alle deutlich wahrnehmen.

Hunde können Geräusche einfach ausblenden!
Sogar bei lauter Musik können sie seelenruhig schlafen, aber wehe die Küchentür öffnet sich leise, dann sind sie hellwach – man könnte ja eine Leckerei abstauben! Hunde haben also ein „selektives Gehör", was bedeutet, dass sie für sie unwichtige Geräusche ausblenden können, wenn sie diese nicht hören wollen. Andere Töne (auch sehr leise) können sie dabei aber trotzdem noch gut wahrnehmen, wenn ihnen diese spannend erscheinen. Praktisch, oder?

Sie sammeln auf schlaue Weise Infos!
Am Knurren eines Artgenossen können Hunde dessen Größe erkennen. Es geht noch besser: Die Gerüche im Urin eines anderen Hundes hinterlassen „Nachrichten", die verraten, ob der Hund weiblich oder männlich, schon älter oder noch jung, krank oder gesund, glücklich oder ärgerlich ist.

Hunde sind extrem lernfähig und -willig!
Sie erinnern sich nachweislich daran, welche Gerüche sie an welchem Ort und zu welchem Zeitpunkt wahrgenommen haben – eine Fähigkeit, die im Tierreich lange nur den Menschenaffen zugeschrieben wurde. Außerdem können Hunde beurteilen, ob sie genug über eine Situation wissen, um eine Entscheidung zu treffen. Ist dies nicht so, dann suchen sie nach weiteren Informationen.

Sie sind richtig kluge Köpfchen!
In Versuchen konnten verschiedene Hunde bis zu 1000 Bedeutungen von Wörtern lernen – manche Tiere sogar noch mehr! Außerdem sind Hunde in der Lage, richtig mit Menschen zu kommunizieren. Das bedeutet, dass sie sich uns mitteilen, uns etwas mit ihren Körpern „sagen" möchten. Sie sind also auch sehr sozial.

Tierische Helfer und Retter

Du hast im letzten Kapitel schon ganz viel über Hunde erfahren, aber es gibt noch viel mehr Spannendes über sie zu lernen. Es sind einfach ganz unglaublich talentierte Wesen, die besondere Fähigkeiten haben. Das haben die Menschen natürlich längst erkannt und nutzen Hunde für viele tolle Bereiche, in denen sie helfen können und jeden Tag beweisen, wie einzigartig und großartig sie sind.

DOGS WITH JOBS
So kommen die tierischen Helfer zum Einsatz:

Erwachsene gehen jeden Tag zur Arbeit und Kinder jeden Tag in die Schule. Aber auch viele Hunde haben einen festen Job, der viel von ihnen verlangt und der fordert, dass sie ihr ganzes Können zeigen. Und das machen sie alle mit ganz viel Freude. Schau mal:

Hütehunde sind super Aufpasser!

Manche Hunderassen sind unglaublich sportlich, ausdauernd und wendig. Sie haben viel Spaß daran, zu arbeiten und zu hüten. Vor allem Border Collies (Bild oben), Deutsche Schäferhunde (Bild mittig) und Australian Shepherds (Bild unten) werden als Hütehunde eingesetzt. Die ausgebildeten Tiere sind richtig gut darin, Herden, die z. B. aus Schafen oder Rindern bestehen, zu treiben und zu hüten. Sie sind sehr aufmerksam und halten alle Tiere zusammen. Ausgebildete Hütehunde gehorchen blitzschnell auf Tonbefehle, wobei jeder Hund sogar eigene Pfeif- und Ruftöne hat, damit keine Verwechslungen vorkommen. Der Besitzer gibt „nur“ die Kommandos und läuft selber nicht mit. Es gibt mittlerweile richtige Meisterschaften für Hütehunde, weil ihre Arbeit so unglaublich spannend und beeindruckend ist.

Filmhunde sind echte Stars!

Ganz gleich, ob Hunde die Haupt- oder „nur“ die Nebenrolle spielen: Filme mit Hunden sind richtig beliebt, weil so viele Menschen die Tiere gerne haben. Das Leben eines Filmhundes erfordert allerdings jahrelanges Training. Außerdem müssen die Hunde natürlich gesund, belastbar, menschenbezogen und lernfähig sein. Die Tiere müssen ziemlich viele Tricks können und auch ganz schön gelassen sein. Immerhin dürfen sie sich nicht aufregen – egal, wie neu eine Situation für sie ist. Sie gehorchen alle auf Handzeichen und dürfen sich von Lärm oder Scheinwerferlicht nicht ablenken lassen. Das Wichtigste bei einem Filmdreh sollte aber stets sein, dass die Hunde immer ganz viel Spaß haben und richtig gut auf sie geachtet wird!
Zu den bekanntesten Hunden in Filmen gehören „Lassie“ (ein Collie – Bild oben), „Beethoven“ (ein Bernhardiner – Bild mittig) und auch „Marley“ (ein Labrador – Bild unten).

Polizeihunde klären Verbrechen auf!

Nur wenige Hunde sind für die Arbeit bei der Polizei geeignet. Weil es so ein super wichtiger Job ist, müssen die Tiere sehr arbeitswillig, gehorsam und richtig selbstsicher sein. Sie sollten auch sehr gut lernen und zuhören können. Ihre Ausbildung beginnt schon, wenn sie erst 1 Jahr alt sind und dauert meistens 6 bis 12 Monate. Die Diensthunde helfen Polizisten, Verbrechen aufzuklären und ihre Arbeit wird sehr geschätzt. Sie haben eine enge Bindung zu ihrem Hundeführer, einem Polizisten, und leben mit ihm unter einem Dach.
Meistens kommen Deutsche Schäferhunde (Bild oben), Rottweiler (Bild mittig) oder auch Dobermänner (Bild unten) bei der Polizeiarbeit zum Einsatz.

Rettungshunde finden Vermisste!

Ein Rettungshund muss ziemlich viel können und leisten. Zu seinem Halter hat er eine enge Bindung. Die beiden bilden ein unzertrennliches Team und haben eine lange Ausbildung gemeinsam durchlaufen. Ein guter Rettungshund muss fit, belastbar, leistungswillig und nervenstark sein. Auch in seinem Wesen ist er gefestigt. Das bedeutet, dass er sich nicht von Kleinigkeiten ablenken lässt und seinen Job genau kennt. Dieser besteht darin, vermisste Personen aufzuspüren und zu finden. Er muss also auch eine richtig gute Nase haben. Unter Rettungshunden sind oft Border Collies (Bild oben), Golden Retriever (Bild mittig) und auch Deutsche Schäferhunde (Bild unten) zu finden.

Blindenhunde kennen immer den Weg!

Ein Mensch, der nur sehr schlecht oder gar nicht sehen kann, hat mit einem Hund einen super Partner an seiner Seite. Der Blindenhund unterstützt ihn nicht nur im Alltag, sondern spendet auch Wärme und Geborgenheit. Er ist ein richtiger Freund, der seinem Menschen alles gibt, und ihm dabei hilft, Treppen, Türen und andere Hindernisse zu überwinden. Auch zeigt er, wann über die Straße gegangen werden kann, wo Zebrastreifen, Haltestellen und andere Verkehrsmittel zu finden sind. Die Ausbildung zum Blindenhund dauert sehr lange und der Hund muss wirklich richtig gut geeignet sein. Er sollte lieb, lernfähig, ruhig und schlau sein. Als Blindenhunde sind häufig z. B. Labradore (Bild oben), Golden Retriever (Bild mittig) und auch Schäferhunde (Bild unten) im Einsatz. Die Rasse ist nicht so entscheidend, aber die Eignung dagegen natürlich schon.

Therapiehunde helfen zu heilen!

Wenn ein Mensch krank, traurig, ängstlich, gestresst oder verunsichert ist, dann kann die Anwesenheit eines liebevollen Hundes sehr hilfreich sein. Hunde tun Menschen richtig gut, weil sie ihnen viel Sicherheit und Geborgenheit spenden. Es ist ein schönes Gefühl, das Sorgen und Unwohlsein kleiner erscheinen lassen kann.

Als Therapiehunde kommen grundsätzlich alle Hunderassen infrage. Wichtig ist, dass die Tiere Menschen gerne haben, freundlich, nervenstark und ausgeglichen sind. Bevor sie aber Patienten glücklich machen dürfen, müssen die Hunde einen Test zur Eignung bestehen und auch ihre Gesundheit wird überprüft. Dann können sie in Krankenhäusern, Seniorenheimen, Schulen oder verschiedenen Kliniken zum Einsatz kommen. Als Therapiehunde eignen sich z. B. Malteser (1. Bild), Leonberger (2. Bild) oder Berner Sennenhunde (3. Bild) und Beagle (4. Bild). Auch viele verschiedene Mischlinge kommen infrage, wenn sie einen ruhigen Charakter haben und sensibel sowie fürsorglich sind.

Auch Delfine sind richtig gute Therapeuten:

Du hast in diesem Buch schon viel über Delfine gelernt, aber die Meeressäuger sind so unglaublich talentierte Wesen, dass sie sogar erkrankten Kindern helfen, sich besser in ihrem Körper und in dieser Welt zurechtzufinden. Schau mal:

Delfine bringen traurige Kinder zum Lachen!
Bei einer Delfintherapie dürfen Kinder, die Hilfe brauchen, einige Wochen gemeinsam mit Delfinen schwimmen, mit ihnen spielen und von ihnen lernen. Im Wasser fühlen sie sich schwerelos, was ein tolles Gefühl ist. Die ausgebildeten Delfine helfen den Kindern dabei, ihre anfängliche Scheu zu überwinden. Dann erleben sie gemeinsam schöne Spiele und lösen Aufgaben. Das schweißt natürlich zusammen, sodass die Kinder beim Spielen immer mehr Vertrauen in ihren neuen Freund gewinnen. Delfine sind gesellige und lustige Tiere, wodurch sie die Kinder immer wieder sanft mit der Nase anstupsen, um sie zum Spielen aufzufordern. Den Kindern bereitet das große Freude, sodass viele schnell aus ihren „Schneckenhäusern" kommen und dadurch viel offener, fröhlicher sowie lebendiger werden. Sie verlieren ihre Angst, bewegen sich mehr und sind lebensfroher. Ist das nicht toll?!

Zum Nachdenken

Leider müssen Therapie-Delfine in Gefangenschaft leben, sonst wären sie weder so zutraulich noch gut ausgebildet. Dennoch ist es schwierig, Tiere, die ihre Freiheit lieben und auch brauchen, ständig einzusperren, damit sie den Menschen dienen. In einigen Ländern dürfen die Delfine allerdings nicht mehr als zwei Stunden pro Tag genutzt werden und in anderen Ländern wird derzeit versucht, mit frei lebenden Delfinen zu arbeiten. Wie siehst du das? Was hältst du für richtig und fair?

Pferde sind großartige Lehrer:

Pferde wirken zwar oft wegen ihrer Größe und ihrer Schnelligkeit sehr beeindruckend, aber sie sind auch sanft, sensibel und Meister darin, Menschen zu helfen. Sie haben viele natürliche Eigenschaften, die Menschen sehr gefallen und sie trösten. Mal ehrlich: Wer ist denn nicht total begeistert, wenn er eine Pferdeherde sieht? Es fühlen sich ganz viele Menschen auf magische Weise von diesen faszinierenden Lebewesen angezogen, die scheinbar viel Liebe in sich tragen.

Pferde verhelfen zu mehr Gleichgewicht!

Pferde haben eine heilende Wirkung auf viele Menschen – besonders auf Kinder, Jugendliche und Erwachsene, die Schwierigkeiten mit ihren Körpern haben, denn die Bewegungen der Tiere wirken lockernd, ausgleichend und angstlösend. Nicht umsonst gibt es den Spruch: „Alles Glück dieser Erde liegt auf dem Rücken der Pferde!" Durch das Reiten fühlen sich die Patienten viel besser und trainieren ihre Muskulatur. Dadurch werden sie stärker. Aber auch in ihrem Inneren geht es ihnen besser, denn die Menschen fühlen sich sicher, geborgen und im wahrsten Sinne des Wortes „getragen". Sie lernen sich selbst und anderen wieder mehr zu vertrauen, was ein sehr schönes Gefühl ist. Die Pferde helfen gerne dabei, zu heilen – ganz gleich, unter welcher Erkrankung ein Mensch leidet.

INFO

Da alle Pferde Fluchttiere sind, müssen sie für die Reittherapie sehr gut ausgebildet sein. Es kommen nämlich nicht alle Pferde für diese sehr schwierige Aufgabe infrage. Die Tiere sollten einen ruhigen und ausgeglichenen Charakter haben, damit sie sich nicht erschrecken und einfach weglaufen. Da erkrankte Menschen die Bewegungen ihres Körpers oft noch nicht gut kontrollieren können, müssen die Pferde ganz vorsichtig mit den Menschen umgehen, um ihnen helfen zu können.

Bei den unterschiedlichen Therapieformen mit Pferden muss aber nicht immer geritten werden, denn auch das Zusammensein mit den Tieren kann sehr hilfreich sein. Die Pferde können geführt, geputzt und gestreichelt werden. Menschen können unglaublich viel von den wunderbaren Vierbeinern lernen.

Das macht Pferde so besonders:

- Sie haben keine Vorurteile.
- Sie sind immer ehrlich.
- Sie schenken Vertrauen und Sicherheit.
- Sie können Menschen tragen.
- Sie lieben und brauchen klare Regeln.
- Sie sind sehr einfühlsam.
- Sie sind lieb zu Kindern.
- Sie fühlen unsere Gefühle.
- Sie fordern und geben Respekt.
- Sie haben eine beruhigende Wirkung.
- Sie schenken Lebensfreude.

Hunde, Delfine und Pferde sind nicht die einzigen Tiere, die richtig gute Instinkte haben und daher oft spüren, was andere Lebewesen brauchen, um sich besser zu fühlen. Es kommt überraschend häufig vor, dass aufmerksame Tiere, die ihrem Gefühl folgen, anderen das Leben retten. Schau mal:

Tierische Lebensretter:

Als es sich ein Mann eines Abends in England vor dem Fernseher gemütlich machte, fühlte er sich plötzlich gar nicht wohl. Zwar war er bereits schon länger krank, aber das Unwohlsein kam überraschend und so bemerkte es keiner. Es sah aus, als würde er sich nur ein wenig ausruhen und schlafen. Einzig sein Hase „Dory" spürte, dass etwas nicht mit ihm stimmte. Also hüpfte das Tier aufgeregt auf den Brustkorb des Mannes und begann, hoch und runter zu hopsen. Dieses ungewöhnliche Verhalten des Hasen führte dazu, dass die Ehefrau des Mannes sofort einen Arzt anrief, der später bestätigte, dass „Dory" das Leben des Mannes rettete.

Im Jahr 2009 bemerkte der kluge Papagei „Willie" während eines Familienfrühstücks, dass sich das kleine Mädchen, das mit am Tisch saß, so stark an ihrem Essen verschluckt hatte, dass sie keine Luft mehr bekam und nicht auf sich aufmerksam machen konnte. Ihre Mutter hatte gerade den Raum verlassen, sodass niemand mehr anwesend war. „Willie" erkannte die Situation direkt. Also begann er wild mit seinen Flügeln zu flattern. Plötzlich schrie er ganz laut: „Mama! Baby!" Die Mutter hörte die Warnung und eilte sofort ins Zimmer zurück, um ihrer Tochter zu helfen. Da „Willie" dem Kind das Leben rettete, wurde er vom Roten Kreuz mit einer Auszeichnung geehrt.

Als im Jahr 1998 eine ältere Frau in den USA plötzlich Herzschmerzen bekam, reagierte das Haustier ihrer Tochter sofort: Das kluge und mutige Hausschwein rannte aus dem Haus, lief in Richtung der befahrenen Straße, legte sich hin, um auf sich aufmerksam zu machen, und dadurch die Autos zu stoppen. Tatsächlich hielt ein Fahrzeug an. Der Mann, der am Steuer saß, stieg aus und folgte dem Schwein ins Haus. Er rief sofort den Notarzt und so konnte die Frau noch rechtzeitig medizinisch versorgt werden. Das Hausschwein „Lulu“ hat laut Aussage der Ärzte der Frau das Leben gerettet. Natürlich musste eine solche Heldentat geehrt werden. Also bekam „Lulu“ ganz offiziell eine Medaille verliehen, die sie sich wirklich verdient hat!

Im Jahr 1996 in Chicago stürzte bei einem Zoobesuch ein dreijähriger Junge in das Gehege von Gorillas, weil er über den Zaun kletterte. Nun war er den Tieren „ausgeliefert“, denn kein Erwachsener konnte so schnell an Ort und Stelle sein. Da das Kind sechs Meter tief fiel, verlor es das Bewusstsein, war aber scheinbar unverletzt. Dennoch hatten alle Zuschauer natürlich Angst, die Gorillas könnten dem kleinen Jungen etwas antun. Aber es sollte anders kommen: Ein sehr liebes Gorilla-Weibchen mit dem Namen „Binti Jua“ nahm das Kind sanft in ihre Arme und wiegte es wie ein Baby. Sie war selbst eine Mama und kümmerte sich liebevoll um den Jungen, der sich weder bewegte noch einen Laut von sich gab. Als die anderen Gorillas zu großes Interesse an dem Menschenkind zeigten, brachte sie ihn ganz vorsichtig zu den Zoowärtern. Schnell wurde er ins Krankenhaus gebracht und erholte sich vollständig von dem Sturz.

Weil eine Mutter in Kolumbien herausfinden wollte, wie ihr kleiner Sohn es schaffte, immer wieder unbemerkt, und zwar während ihrer Abwesenheit, aus seinem Gitterbettchen zu klettern, stellte sie eine Kamera auf. Als sie sich später die Aufnahmen ansah, traute sie ihren Augen kaum: Der Einjährige „entkam" nicht nur erneut, sondern steuerte auch direkt krabbelnd auf das Treppenhaus zu. Bevor er aber kopfüber die vielen Treppen heruntergefallen wäre, sprang eine Siamkatze namens „Gatubela" beherzt dazwischen. Energisch, aber zugleich feinfühlig, sorgte sie beharrlich dafür, dass der Junge den Treppenstufen nicht zu nahekam. Durch ihren Einsatz blieb das Kind völlig unverletzt.
„Gatubela", der Name der lieben Katze, wird in Lateinamerika übrigens als eine andere Bezeichnung für die heldenhafte Comicfigur „Catwoman" verwendet. Ziemlich passend!

♥ Warum man Katzen einfach lieben muss ♥

Katzen sind neben Hunden die beliebtesten Haustiere. Und das hat gute Gründe: Sie haben nicht nur nachweislich eine sehr beruhigende Wirkung auf Menschen, sondern machen sich oft auch richtig nützlich. Als Mäuse- und Rattenfänger werden Katzen seit Jahrtausenden zur Bekämpfung von Schädlingen eingesetzt. Schon die alten Ägypter verehrten die schönen Tiere als Gottheiten. In vielen Teilen Asiens gelten Katzen bis heute noch als „heilige Glücksbringer". An Katzen gibt es ja auch viel zu bewundern: ihre Eleganz, ihre Intelligenz und ihre Feinfühligkeit. Auch sind sie alle irgendwie so geheimnisvoll.

Katzen können im Dunkeln sehen!

Als nachtaktive Tiere haben Katzen so unglaublich gute Augen, dass sie selbst bei fast völliger Dunkelheit noch gut sehen können. Sie sehen in Mondnächten beinahe so gut wie an Sonnentagen. Ohnehin können Katzen viel besser sehen als Menschen, denn sie haben ein größeres Gesichtsfeld und auch Entfernungen schätzen sie viel besser ab als wir.

Sie landen bei einem Sturz auf ihren Pfoten!

Wenn Katzen irgendwo herunterfallen, dann drehen sie sich so in der Luft, dass sie auf allen vier Pfoten landen und unverletzt bleiben – allerdings muss die Höhe ausreichen, damit die Drehung auch klappt. Sogar noch sehr kleine Kätzchen beherrschen diese besondere Fähigkeit, die man „Stellreflex" nennt, schon ziemlich gut.

Katzen sind Kletterkünstler!

Ihr sportlicher Körperbau ist perfekt zum Klettern geeignet. Katzen erklimmen Bäume elegant und mit sehr viel Schwung. Ihre Bewegungen sind dabei perfekt koordiniert. So können sie alle von Natur aus einen Baum mit Leichtigkeit hinaufklettern, das Herunterkommen müssen sie aber erst lernen und üben.

Katzen entscheiden selbst!

Dass sie bei Menschen leben wollen, haben Katzen einst selbst entschieden und nicht andersherum: Um besser überleben zu können, haben die Vorfahren der heutigen Hauskatzen (= Falbkatzen) die Nähe zu Menschen gesucht. Die wilden Katzen haben sich selbst Zugang zu Getreidekammern verschafft und sich durch das Jagen von Ratten und Mäusen bei den Menschen beliebt gemacht. Damit sie blieben, bekamen sie noch Leckereien von den Menschen. Die kleinen Eindringlinge gewöhnten sich an den Menschen, wollten aber alles andere alleine entscheiden. Daher wurde auch zunächst nicht mit ihnen gezüchtet wie mit Hunden oder anderen Tieren. Katzen haben sich bis heute viel Wildheit beibehalten. Darum sind sie auch so eigensinnig und freiheitsliebend.

Sie quatschen gerne!

Katzen „unterhalten" sich mit ihren Artgenossen meistens über Gestik/Mimik und Gerüche. Laute kommen dabei eher seltener vor – obwohl sie ziemlich viele davon kennen. In menschlicher Nähe maunzen, schnurren und miauen sie nämlich oft. Sie wollen dann Aufmerksamkeit, Futter, Streicheleinheiten oder beschweren sich über etwas. Tatsächlich haben Forscher sogar herausgefunden, dass „Menschenliebe" über die Katzengene vererbt wird. Wenn also Kater und Katze Menschenfreunde sind, dann ist es ihr Nachwuchs auch.

Zum Nachmachen

Wenn Katzen mit ihren Augen blinzeln, dann zeigen sie ihrem Gegenüber dadurch, dass es ihnen gut geht. Du kannst ihnen mit einem Zwinkern antworten. Das werden sie super finden und sich bei dir so richtig wohlfühlen.

Jeder hat mal Angst

Du hast nun schon viel gelesen und erfahren über tierische Retter und Helfer. Es ist oft erstaunlich, mit welch wachen Instinkten manche Tiere Not erkennen und dann genau das Richtige tun, um zu helfen. Bei so viel Mut könnte man schnell den Eindruck bekommen, dass es Lebewesen gibt, die irgendwie völlig angstfrei sind. Das stimmt allerdings überhaupt nicht! Auch wer viel Mut hat, kennt trotzdem (oder gerade deshalb) Angst. Aber warum hat man denn überhaupt Angst und wo kommt sie her?

Welchen Sinn hat Angst?

Angst ist ein ganz normales und natürliches Gefühl, das alle Menschen und auch Tiere kennen. Wer sich bedroht fühlt und glaubt, in Gefahr zu sein, der bekommt richtig Angst. Das macht auch Sinn: Die Angstgefühle sollen dafür sorgen, dass man sich schützt und dadurch keinen Schaden nimmt. Das hat die Natur bei uns allen so eingerichtet. Angst ist also grundsätzlich überhaupt nichts Schlimmes.

Vielleicht denkst du manchmal, dass Angst einfach richtig blöd ist, weil sie dich so „schwach" fühlen lässt. Aber sogar die „stärksten" Tiere der Welt kennen Angst: Löwen. Obwohl sie so groß, kräftig und gefährlich sind, bekommen sie Angst, wenn sie sich bedroht fühlen. Aber sie wissen längst:

1. Jede Angst geht auch wieder vorbei – egal, wie schlimm sie sich anfühlt.
2. In der Angst liegen viel Kraft und Energie, die man nutzen kann.
3. Durch Angst kann man sehr viel lernen und dadurch wachsen.
4. Angst kann helfen, sich besser zu schützen.

Wer mutig ist, der hat keine Angst? Tatsächlich ist es genau andersherum: Nur wer Angst hat, kann auch mutig sein! Überleg mal: Wer etwas macht, das ihm ganz leicht fällt, der braucht gar nicht mutig zu sein. Sich zu überwinden, das kann zwar schwierig sein, aber es ist natürlich dennoch möglich. Du hast das tatsächlich schon tausende Male gemacht, obwohl du dich sicher nicht an jedes einzelne Mal erinnerst. Trotzdem hast du schon ganz oft in deinem Leben Furcht überwunden. Du hast also neben der Angst auch sehr viel Mut in dir.

? Was macht die Angst mit einem Lebewesen?

Angst äußert sich nicht nur in den Gefühlen, sondern auch im Körper. Was sich so unangenehm anfühlt, ist total wichtig, weil der Körper sich auf Kampf oder Flucht vorbereitet. Für beides braucht man Kraft und Energie – entweder, um wegzulaufen oder sich zu wehren. Du kennst das bestimmt, dass dein Herz viel schneller schlägt, wenn du Angst bekommst. Es pocht richtig in deiner Brust. Das ist ganz normal. Auch deine Bronchien erweitern sich, damit du besser und auch schneller atmen kannst. Sogar deine Pupillen in deinen Augen werden größer, um mehr sehen zu können. Auch deine Körpertemperatur steigt und du bist plötzlich hellwach. Du fühlst dich nervös und unruhig. All das (und noch viel mehr) soll dafür sorgen, dass dir nichts passiert. Dein Körper will dich beschützen. Er ist dein Freund und ein absolutes Wunderwerk!

Wenn dein Körper stark auf eine Situation reagiert, dann weißt du nun, dass das völlig normal ist und auch wieder aufhört. Ganz automatisch gewöhnst du dich nämlich an Neues. Alles, was dein Körper macht, hört nach und nach auf. Vielleicht möchtest du weinen – und auch das ist total natürlich. Dein Herzschlag und deine Atmung werden nun langsamer und deine Pupillen in deinen Augen werden wieder kleiner. Alles in dir wird ruhiger und entspannter. Die Angst geht nun vorüber, weil dein Körper festgestellt hat, dass das Neue gar nicht so schlimm ist. Beim nächsten Mal wird es dir schneller besser gehen, weil du bereits etwas Wichtiges gelernt hast: Dein Körper hat die Macht und die Kraft, Angst zu bewältigen. Und das macht dich nach und nach so stark wie ein Bär!

Zum Nachmachen

Wenn dein Körper angespannt ist und voll mit Energie, dann ist es am besten, diese durch Bewegung abzubauen, also „rauszulassen". Wer Angst oder Furcht empfindet, der hat viel Kraft in seinen Gliedern, weil der Körper auf Kampf oder Flucht geschaltet hat. Ganz früher, als die Menschen noch bedroht wurden und oft um ihr Leben kämpfen oder laufen mussten, da waren diese Gefühle sinnvoll und auch notwendig. Du kannst allerdings heute auch viel dafür tun, dass die Angst kleiner wird, indem du dich viel bewegst. Durch laufen, hüpfen, springen oder ganz doll auf ein Kissen schlagen baust du Angstenergie ab. Natürlich ist das nicht immer möglich, aber wer ohnehin schon ausgepowert ist, der bleibt auch in einer Situation, in der er sich ein wenig fürchtet, ruhiger. Probiere es mal aus! Wie fühlt es sich an, wenn du dich ganz viel bewegst? Was macht dein Körper dann? Beruhigt er sich wieder?

Schau mal, wie Tiere mit ihren Ängsten umgehen:

Auch Tiere kennen Angst. Das ist sehr wichtig für sie, damit sie überleben. Immerhin wissen sie alle, dass ihnen ihre Angst etwas sagen will: Du bist in Gefahr! Sorge schnell wieder für Sicherheit! Und das tun alle Tiere auch. Dazu haben sie (genau wie wir Menschen auch) drei instinktive (also angeborene) Möglichkeiten:

1. Kämpfen: Wird ein Tier von einem anderen angegriffen, dann kann es sein, dass es sich für den Kampf entscheidet. Immerhin geht es häufig darum, wer überleben wird und wer nicht. Insbesondere Raubtiere kämpfen um ihr Leben und versuchen so, sich selbst und auch ihren Nachwuchs vor Fressfeinden zu schützen.
2. Flüchten: Wer schnell laufen kann, ist klar im Vorteil. Viele Tiere können nicht so gut kämpfen, aber dafür ziemlich schnell rennen. Also laufen sie bei einer Bedrohung so weit wie möglich weg, um einen großen Abstand herzustellen. Die meisten Fluchttiere sind deshalb immer ziemlich aufmerksam und beobachten sehr angespannt ihre Umgebung, damit sie zeitnah handeln können, bevor es zu spät ist.
3. Einfrieren: Manchmal sind weder Kampf noch Flucht möglich. Das „entscheiden“ Lebewesen in weniger als einer Sekunde. Ein Kampf ist dann aussichtslos, weil man schwächer ist, und das Weglaufen klappt auch nicht mehr, weil der Jäger bereits zugebissen hat oder schon sehr nah ist. Dann schützt sich ein Lebewesen, indem es sich tot stellt, ohne es zu sein. Das ist ziemlich „klug“, weil das Raubtier dann möglicherweise nicht merkt, dass eine Beute in der Nähe ist oder sogar das Interesse verliert. So hat das Tier eine Chance, zu überleben und vielleicht doch noch aus der Situation zu flüchten.

Aber nicht nur in der Wildnis hat jeder mal Angst. Auch in unserer Gesellschaft ist es ganz normal, sich manchmal zu fürchten. Das geht nicht nur allen Kindern so, sondern auch den Erwachsenen. Sogar unsere Haustiere ängstigen sich von Zeit zu Zeit. Immerhin zwingen wir ihnen eine Welt mit ganz vielen für sie unnatürlichen Dingen und Situationen auf. Ist doch klar, dass auch sie sich erst langsam an Neues gewöhnen müssen, um zu bemerken, dass ihnen gar nichts Schlimmes passiert!

INFO

Angst kann sich sehr unterschiedlich zeigen. Manche Tiere fürchten sich besonders in speziellen Situationen (z. B. beim Tierarzt). Sie haben dann oft schlechte Erfahrungen gemacht und erinnern sich daran. Die Menschen, die für sie verantwortlich sind, haben ihnen einfach nicht richtig geholfen, sondern sie alleine gelassen mit ihrer Furcht. Andere Tiere haben sogar fast immer Angst, weil sie in ihrem Leben unglücklich sind und einfach nicht genau wissen, was sie dagegen tun können. Oft sind sie auch körperlich krank und keiner merkt es. Häufig stimmt aber auch etwas in ihrer Umgebung nicht. Vielleicht werden sie unfair behandelt, bekommen nicht das richtige Futter oder können nicht in Ruhe schlafen. Angst hat ganz verschiedene Gründe. Aber das stimmt immer: Jede Angst ist für den, der sich gerade fürchtet, echt, bedrohlich und auch sehr belastend, also leidvoll.

Bei Angst ist es also sehr gut, wenn wir uns umeinander kümmern, damit wieder Ruhe und Sicherheit einkehren können. Auch Haustiere sind richtig dankbar, wenn man ihnen bei großer Furcht hilft und ihnen die „schlimme“ Situation erträglicher macht. Sollte etwas in ihrem Leben schwierig sein, dann freuen sie sich natürlich sehr, wenn die Menschen das erkennen und Abhilfe schaffen: z. B. gutes Futter und frisches Wasser bereitstellen, ruhige Schlafplätze einrichten, für viel Abwechslung und viel Bewegung sorgen sowie Krankheiten und Schmerzen behandeln lassen. Besonders wichtig ist aber auch, dafür zu sorgen, dass ein Haustier nicht überfordert wird, wenn es Angst hat. Dadurch bekommt es nur noch mehr Angst. Neues darf es langsam und Schritt für Schritt lernen. Dann braucht es erst gar keine Furcht zu entwickeln, weil es merkt, dass gut auf es aufgepasst wird.

Katzen zeigen ihre Angst sehr deutlich, indem sie geduckt laufen. Ihr Fell wirkt struppig, ungepflegt und hat auch häufig kahle Stellen, an denen also keine Haare mehr sind. Neugierig ist eine ängstliche Katze nicht mehr. Sie zieht sich eher viel zurück, will dann alleine sein und regt sich schnell auf. Oft klemmt sie ihren Schwanz zwischen ihre Hinterbeine und wirkt ziemlich schlecht gelaunt. Wenn sie viel Angst hat, dann kann es sein, dass sie aggressiv (also wütend) wird und angreift, weil sie sich nicht anders zu wehren weiß. Dabei faucht, kratzt und beißt sie vielleicht sogar, um sich selbst zu schützen und auf ihr Leid aufmerksam zu machen.

? Woran erkenne ich Angst noch?

- Herzrasen
- große Pupillen
- schnelles und schweres Atmen
- Drohen
- Einfrieren
- Schwitzen an den Pfoten

Auch Hunde haben manchmal Angst und empfinden Stress. Sie bellen dann viel in meistens hohen Tönen. Manche versuchen, wegzulaufen oder legen sich ganz flach auf den Boden, als wollten sie nicht gesehen werden. Wenn ein Hund etwas verzweifelt herumläuft, dann sucht er wahrscheinlich einen guten Platz, um sich zu verstecken.

? Welches Verhalten zeigen Hunde noch bei Angst?

Viele Hunde zittern am ganzen Körper, wenn sie sich fürchten und verunsichert sind. Manche knurren und zeigen ihre Zähne, um sich zu schützen. Auch bei Hunden weiten sich die Pupillen in den Augen. An der Ohrenstellung kann man auch gut erkennen, dass ein Hund Angst hat: Er legt seine Ohren nämlich an, sodass sie nicht mehr wie gewohnt nach oben zeigen oder entspannt herunterhängen. Auffällig ist auch, dass Hunde bei Unsicherheit und Furcht ihren Schwanz zwischen ihre Hinterbeine klemmen. Natürlich ist jeder Hund anders, hat eine eigene Persönlichkeit und auch eigene Erfahrungen gemacht. Dennoch sind das alles Zeichen dafür, dass ein Hund sich sehr unwohl fühlt, nicht mehr spielen oder toben mag, sondern Schutz und Sicherheit braucht.

Häufig haben Hunde viel Angst vor bestimmten Geräuschen, weil ihr Gehör viel besser ist als unseres. Dazu zählen z. B.: Donner, Stürme, Feuerwerk, Geschrei oder Staubsauger, Rasenmäher und Sirenen. Oft fühlen sie sich auch unwohl, wenn sie auf andere Hunde treffen. Die meisten Hunde haben als Haustiere einfach nicht so viele Erfahrungen im Umgang mit anderen Artgenossen. Darum fühlen sie sich unsicher. Aber auch manche Menschen jagen den Vierbeinern Angst ein – besonders, wenn sie in der Vergangenheit Schlechtes erlebt haben. Viele Hunde mögen zudem keine Veränderungen. Sie fürchten sich vor neuen Erfahrungen (z. B. Autofahren, Umzüge).

Pferde sind sehr schreckhafte Tiere und reagieren schnell ängstlich oder sogar panisch. Als Fluchttiere bevorzugen sie es meistens, lieber schnell wegzulaufen und erst dann zu überprüfen, ob sie tatsächlich in echter Gefahr waren oder nicht. Das liegt in ihrer Natur, denn sie sind Lauf- und Herdentiere. Wenn ein Pferd in einer Gruppe eine Bedrohung wahrnimmt, dann rennen alle anderen schnell mit. Sind sie in Sicherheit, dann beruhigen sie sich auch wieder. So eine flüchtende Herde kann ganz schön beeindruckend aussehen.

INFO

Pferde haben vor fast allem zunächst Angst. Das ist ganz natürlich! Sie möchten nicht eingesperrt sein, wollen nicht alleine sein, erschrecken sich vor lauten Geräuschen (und manchmal auch leisen), mögen keine Veränderungen und werden panisch, wenn sie nicht weglaufen können. Meistens reagieren sie auf alles Fremde erst mal mit Furcht. Um mit Menschen zusammenleben zu können, müssen sie wirklich richtig viel lernen und unglaublich mutig sein! Und das sind die meisten Pferde auch. Wenn ihnen alles geduldig und fair beigebracht wird, dann sind sie grandiose Freunde und Partner des Menschen. Dazu sind sie sogar bereit, viel weniger auf ihre natürlichen Instinkte zu hören. Toll, oder?

Kaninchen sind auch Fluchttiere, die weglaufen, wenn sie eine Gefahr wahrnehmen. Weit laufen sie aber nicht, sie suchen sich lieber einen Unterschlupf, um sich zu verstecken. Hat sich ein Kaninchen so richtig erschrocken, dann erstarrt es, friert also ein. Die Augen hat es dann sehr weit offen, atmet stark und hält seine Ohren ganz weit nach oben gerichtet. Durch das Erstarren hofft es, nicht gesehen zu werden, da viele natürliche Feinde ihre Beute nur durch die Bewegungen bemerken und so könnte das Kaninchen noch entkommen. Stress ist das aber trotzdem, denn keine Fluchtmöglichkeit zu haben, ist für Kaninchen wirklich das Schlimmste auf der Welt.

Hamster sind ebenfalls Fluchttiere und daher besonders wendig und flink. Sobald Gefahr droht, richten sie ihre Hinterbeine auf, zeigen ihre Zähne, heben ihre Pfötchen und sträuben das Fell. Dann huschen sie ganz schnell in ihren Bau, um in Sicherheit zu sein. Wenn ein Hamster richtig Angst hat und sich unsicher fühlt, dann kriecht er ganz flach auf seinem Bauch. So hofft er, nicht gesehen zu werden.

Meerschweinchen empfinden schnell Angst und Stress. In freier Wildbahn sind sie ständig auf der Hut vor Jägern. Bekommt ein Meerschweinchen Angst, erstarrt es häufig. Manchmal denken die Menschen dann, es würde sich total wohl fühlen, weil es ja so ruhig ist. Das stimmt aber nicht! Bei großer Furcht hat es die Augen weit aufgerissen und das Fell ist ganz glatt angelegt. Den Körper lässt es meistens schlaff hängen und wehrt sich gar nicht mehr. Meerschweinchen brauchen deshalb immer die Möglichkeit, flüchten oder sich verstecken zu können. Das ist ihnen sehr wichtig!

Du hast nun ganz viel über Angst gelesen und bestimmt längst erkannt, dass sie zu unser aller Leben dazugehört. Und das ist auch gut so, weil sie uns schützt. Ganz sicher finden die Tiere das Gefühl von Furcht und Panik auch nicht schön, aber vermutlich würden sie ungern darauf verzichten wollen, weil die Angst ihnen sehr oft hilft. Das ist natürlich ein großer Vorteil, um in der Natur überleben zu können. Dennoch erleben insbesondere Haustiere ganz oft Situationen voller Angst, die sie nicht erleben müssten. Sie sind häufig total unnötig gestresst, weil die Menschen ihnen etwas zumuten, das sie überfordert. Meistens können sie ja nicht für sich selber sorgen und sind abhängig davon, dass die Menschen begreifen, was sie brauchen, um glücklich, entspannt und zufrieden zu sein. Manche Dinge (z. B. ein Tierarztbesuch) sind natürlich notwendig, aber warum sollte das Tier dabei mehr Angst als nötig haben? Wir können viel dafür tun, dass unsere geliebten Haustiere sich so richtig wohl bei uns fühlen. Sie sollten alle wissen und spüren, dass sie verstanden und geliebt werden.

! Darauf kannst auch du schon achten!

Hat das Tier immer…
- ausreichend frisches Futter,
- sauberes Wasser,
- gemütliche Schlafplätze,
- Spielmöglichkeiten,
- genug Platz, um sich zu bewegen?

Wirkt das Tier meistens…
- fröhlich oder traurig,
- entspannt oder aufgeregt,
- gesund oder kränklich,
- wach oder müde,
- verspielt oder gelangweilt?

TIPP: Wenn du unsicher bist, dann hole dir stets Hilfe bei Erwachsenen!

Ein bisschen Spaß muss sein

Angst ist nur ein Gefühl von ganz vielen, zu denen Menschen und Tiere fähig sind. An einem Tag kann man unglaublich viel erleben und Geschehnisse gehen sehr oft auch mit unterschiedlichen Gefühlen einher. Das ist ganz normal! Obwohl jedes Gefühl, das wir erfahren, natürlich echt ist, geht es dennoch irgendwann wieder vorüber. Du kennst das bestimmt, dass du in einem Moment traurig bist und in einem nächsten plötzlich über etwas lachen musst. Und so kann fast unbemerkt aus Angst, Traurigkeit oder Wut sogar große Freude werden. Spaß zu haben, ist für jeden wichtig. Richtig glücklich macht, wenn man etwas tut, das Freude bringt und das man gerne macht. Manchmal freuen wir uns auch auf ein Erlebnis oder eine Situation, die bald kommt (z. B. einen Geburtstag). Es ist einfach ein richtig schönes Gefühl, sich zu freuen und Spaß zu haben. Noch schöner ist es, seine Freude mit anderen zu teilen – besonders mit lieben Freunden und Familienmitgliedern, die man gerne hat. So machen es auch die Tiere: Sie erfreuen sich an ganz vielem, genießen ihre gemeinsame Zeit und sind oft total lebenslustig.

Schau mal, wie viel Spaß manche Tiere haben:

Dass Hunde das Toben, Laufen und Spielen lieben, weiß jeder Hundebesitzer. Hunde sind die „Spaßkönige" und lassen selten eine Gelegenheit aus, um sich so richtig zu amüsieren.

Katzen haben große Freude, wenn sie klettern, durch die Gegend wetzen, sich verstecken oder auch das Jagen nachahmen. Dann tun sie nämlich so, als würden sie eine echte Beute fangen. Hauskatzen brauchen Jagdspiele unbedingt, um lange gesund und munter zu bleiben.

Die meisten Pferde sind so richtige „Quatschköpfe". Nicht nur die Fohlen, also die Jungtiere, spielen viel, sondern oft auch die älteren Pferde. So pflegen sie ihre Freundschaften. Beim Toben kann es zwar manchmal ziemlich wild und rasant zugehen, aber Pferden ist das Spielen extrem wichtig.

Kleine Bären gehen schon früh und freudig auf Entdeckungsreise, um spielerisch die Welt zu erkunden. Dadurch wollen sie viel lernen. Das Erlebte hilft ihnen, zu erwachsenen und großen Bären zu werden, die sich gut auskennen. Spiel und Spaß übernehmen manchmal auch wirklich sinnvolle Aufgaben.

Es tut richtig gut, Spaß zu haben, miteinander zu spielen und dabei viel zu lernen – obwohl man das ja meistens gar nicht merkt, weil die Freude überwiegt. Dennoch lernen alle Lebewesen beim Spielen und manchmal sogar beim Quatschmachen. Aber wie sieht es aus, wenn der Spaß auf Kosten anderer geht? Viele Kinder ärgern andere, um sich zu amüsieren. Und sogar Erwachsene machen das, obwohl sie ja schon älter und auch weiser sind. So manche Tierart hat die Schadenfreude ebenfalls für sich entdeckt. Schau mal:

Affen „mobben“ Kühe!

Paviane sind schon oft von Wissenschaftlern dabei beobachtet worden, wie sie Kühe ärgern. Sie ziehen dann an den Schwänzen der Kühe, wenn diese hinter einem Zaun stehen und sich nicht wehren können.

Elefanten necken gerne!

Besonders junge Elefanten lieben es, andere Tiere in ihrer Umgebung so richtig zu nerven. Sie scheinen große Freude daran zu haben, Schakale (Bild links), Gnus (Bild mittig) oder Reiher (Bild rechts) völlig ungefragt zu „bespielen“ und zu „bespaßen“. Die finden das aber nicht immer lustig!

Zum Nachdenken

Darf man sich aus deiner Sicht über andere lustig machen? Wie sind da die Regeln? Wie sieht es aus, wenn der, der geärgert wird, mitlacht? Wann hat der Spaß deiner Meinung nach ein Ende? Bist du schon mal ausgelacht oder geärgert worden? Wie hat sich das angefühlt? Was hast du gemacht? Hat dir jemand beigestanden und dir geholfen?

Es scheint sehr leicht zu sein, auf Kosten anderer Späße zu machen. Manchmal ist das tatsächlich lustig, wenn alle (und zwar wirklich alle) lachen können, und manchmal geht das einfach zu weit und wird unfair. Es ist wichtig, darauf zu achten, dass niemand verletzt wird, weil es nicht nur körperliche Narben gibt, sondern auch solche, die die Gefühle betreffen. Bei Tieren ist das auch so. Außerdem gibt es Tierarten, die tatsächlich nur wenig Verständnis für Späße haben.

Die Geschichte über die Rache der Krähen

Dass Raben und Krähen richtig schlau sind, ist kein Geheimnis. Allerdings sind sie auch nachtragend und werden sehr wütend, wenn man sie ärgert, schlecht behandelt oder mit ihnen Spielchen treibt. Wissenschaftler haben sich ein wirklich fieses Experiment einfallen lassen, um herauszufinden, ob Raben klug genug sind, sich an menschliche Gesichter zu erinnern. Dazu haben sie zwei Männer an einige Orte geschickt, wo viele wilde Raben leben. Einer der Männer hatte eine „nette“ Maske auf und der andere eine „böse“. Der „Böse“ hat die Raben extra geärgert und sie bedrängt. Der andere nicht. Die „gequälten“ Krähen haben sich das nicht gefallen lassen und begannen laut und schrill zu schreien. Das lockte weitere Krähen an. Gemeinsam griffen sie dann den „Bösen“ an, um ihn zu vertreiben. Aber sie ließen ihn nicht einfach gehen, sondern verfolgten ihn lange. Der „Nette“ hingegen hatte nichts zu befürchten. Sogar Kilometer entfernt und über viele Jahre war die „böse“ Maske bei den Krähen offenbar bekannt, denn sie griffen den, der sie trug, sofort an – auch dann, wenn sie ihm vorher noch nie begegnet waren.

Viele Tiere haben aber auch einfach richtig Spaß, ohne zu ärgern. Sie amüsieren sich total gerne und zeigen dann Verhalten, das eigentlich „nutzlos" ist, wenn man genau hinsieht, außer dass es viel Freude macht. Daher hat auch die Forschung irgendwann erkannt, dass viele Tiere eben doch richtig „Humor" haben.

Krokodile mögen Wasserspiele!

Die sehr gefährlichen Reptilien haben überraschende „Hobbys": Sie tauchen total gerne ihre Schnauzen unter Wasser und schnappen dann nur zum reinen Vergnügen nach dem vorbeiströmenden Wasser. Auch lieben sie es, mit bunten Blümchen zu spielen, die sie zwischen ihren Zähnen herumtragen. Außerdem hat man oft beobachtet, wie Krokodile kleinere Artgenossen aus Spaß huckepack nehmen. Wer hätte das gedacht?

Pinguine machen Kopfsprünge!

Dazu stellen sich die lustigen Tiere, die unbedingt Freude haben möchten, in einer Schlange aus Pinguinen vor einem Eisberg an. Ziemlich mühsam klettern sie dann alle den Hang hoch, pusten oben angekommen kurz zwei Sekunden durch, um dann kopfüber in die eisigen Fluten zu hüpfen. Und das nur aus purer Begeisterung! Unten angekommen geht der Spaß natürlich wieder von vorne los. Ist doch klar!

Doktorfische blubbern Luftblasen!

Langeweile kann echt quälend sein – das finden auch die hübschen Doktorfische. Damit es erst gar nicht dazu kommt, blubbern sie Luftblasen aus, lassen diese nach oben steigen und jagen ihnen dann aus Spaß hinterher. Ganz schön einfallsreich!

Die Freude am Vergnügen zieht sich quer durch alle Tiergruppen. Sie haben einfach tierischen Spaß am Leben. Die Lust am Unfug macht vor kaum einem Tier halt: Schweine spielen unglaublich gerne mit Bällen, Ratten kitzeln sich gegenseitig, Robben lieben es, auf Wellen zu surfen und Steinböcke toben aus Jux über steile Berghänge. Delfine gelten als absolute Frohnaturen, deren Spiellaune schon legendär ist. So surfen sie oft auf den Bugwellen vorbeifahrender Schiffe und spielen gerne mit Seegras, Sand, Fischen oder Schildkröten. Letztere schubsen mit Vorliebe Flaschen oder andere Dinge, die sie gefunden haben, über die Wasseroberfläche und nutzen Schläuche zum Tauziehen. Etliche Frösche sind schon häufig dabei beobachtet worden, wie sie auf Luftblasen reiten. Und von Affen, die sich noch viel mehr Schabernack einfallen lassen, wollen wir erst gar nicht anfangen. Sie würden mühelos ein komplettes Buch alleine füllen – da würden wir ja nie fertig werden!

Zum Nachmachen

Auch du darfst ganz viel Spaß in deinem Leben haben. Mache das den Tieren nach, denn sie suchen immer auch ein bisschen nach Freude und finden sie in ganz verschiedenen Dingen und Handlungen. Dabei passen sie alle natürlich gut auf sich und andere auf, damit keinem was passiert, aber das haben sie alle verstanden: Spiel, Spaß und Spannung tun einfach gut, bringen Abwechslung und neue Ideen, helfen beim Wachsen und Groß-Werden, stärken Freundschaften und machen für wirklich jeden das Leben schöner, reicher und auch lustiger.

Wissen ist Macht

Tiere kennen nicht nur Gefühle, sondern sie haben auch ein erstaunlich großes „Wissen" – sowohl darüber, wie sie am besten mit ihren eigenen Emotionen und denen anderer umgehen als auch über ganz, ganz vieles, das ihnen ihr Leben erleichtert und es besser macht. Für die meisten Tiere (vermutlich sogar für alle) ist es nämlich das Wichtigste auf der Welt, dass es ihnen (und ihrer Familie, wenn sie eine haben) gut geht. Tiere achten alle sorgfältig auf sich selbst und ihre Lieben. Sie wissen sehr genau, was sie alles brauchen, um gut leben zu können. Darüber müssen sie nicht nachdenken. Auch wissen sie, was sie tun müssen, um zu bekommen, was sie benötigen. Das haben sie alle von ihren Müttern und manchmal auch von den Vätern gelernt. Oft spielen dabei auch Tanten, Onkel oder ältere Geschwister eine Rolle. Kleine Tierkinder müssen wirklich schon viel lernen und dabei geben sie sich richtig Mühe.

i Was müssen Tierkinder alles lernen und wissen?

Viele Tiere sind nicht direkt nach der Geburt selbstständig. Sie können also vieles noch nicht und müssen erst in die „Schule" gehen. Manches ist zwar angeboren (wie z. B. das Schwimmen bei den kleinen Enten), aber die meisten Tiere wissen zu Anfang nicht, wo sie Futter finden oder wie sie jagen sollen. Wo lässt es sich sicher übernachten? Wer ist Freund und wer ist Feind? Wie kann man sich richtig gut verstecken, wenn man nicht gesehen werden will? Das sind viele Fragen und viel zu lernen, wenn man groß, stark und weise werden will. Und jede Tierart hat ihr eigenes Wissen, das sie alle an ihre Nachkommen weitergeben.

Entenküken müssen erst lernen, wo es das beste Futter gibt. Auch wissen sie zuerst noch nicht, wie sie das leckere Futter erreichen sollen. Da Enten ihr Fressen oft nur unter Wasser finden, müssen sie erst tauchen lernen. Das ist gar nicht so einfach für die Kleinen und auch ganz schön gefährlich. Das reicht aber noch lange nicht: Natürlich müssen sie auch das Fliegen üben.

Für **Rehkitze** ist es extrem wichtig, zu wissen, wie sie für Feinde unsichtbar bleiben. Das lernen sie schon früh: Sie rollen sich dazu klein in einer Mulde am Boden zusammen. So bleiben sie dann ganz still, wenn ihre Mama nicht da ist, um sich zu schützen. Wenn sie größer sind, dann lernen sie, schnell zu flüchten, um sich in Sicherheit zu bringen, sollten sie Gefahr spüren.

Kleine **Eichhörnchen** können nicht von Geburt an klettern und von Ast zu Ast springen. Das muss ihnen beigebracht werden und sie müssen es gut üben. So leicht, wie es aussieht, ist es aber nicht. Auch müssen die Kleinen erst lernen, wo sie ihr gesammeltes Futter gut verstecken können. Keiner darf das sehen, sonst sind die Vorräte schnell geklaut.

Auch **Jungfüchse** wissen zunächst nicht, wie sie sich vor Feinden verstecken. Das muss ihnen beigebracht werden. Auch die Futtersuche und das Finden eines geeigneten Fuchsbaus gehören zur anständigen Ausbildung der Kleinen dazu, damit sie später alleine leben können.

Wer ein gutes Leben haben möchte, der braucht viele und verlässliche Infos sowie weise und starke Vorbilder, die gerne alles zeigen, das wichtig ist. Wichtig ist aber auch, dass die Tierkinder lernen wollen, sich Mühe geben und genau hinschauen und „zuhören". Und das machen sie alle richtig toll, weil sie nämlich wissen, dass sich das Lernen immer lohnt. Bei Menschen ist das gar nicht so anders:

Zum Nachdenken

Auch du wusstest, als du geboren wurdest, noch nicht viel von der Welt. Alles war völlig neu für dich und du hast als Kleinkind ganz schön viel lernen müssen. Am Anfang konntest du ja z. B. noch nicht laufen oder sprechen – auch diesen Text hier zu lesen oder zu verstehen, wäre dir nicht gelungen. Nun kannst du es. Das bedeutet, dass du dich bemüht und richtig gearbeitet hast. Du hast nicht aufgegeben, als es auch mal schwieriger war. Lernen ist nämlich nicht immer leicht. Auch du bist, als du das Laufen gelernt hast, hunderte Male (wenn nicht noch öfter) hingefallen. Du bist aber nicht einfach auf dem Boden liegengeblieben, sondern immer wieder aufgestanden, damit du es irgendwann endlich kannst. Das hast du mit ganz, ganz vielen Dingen so gemacht – auch, wenn du dich vielleicht nicht mehr erinnerst. Sogar heute ist das noch so. Du bist also längst so klug wie ein schlauer Fuchs, denn du weißt bereits: Was du erreichen möchtest, das schaffst du auch!

♥ Warum man Füchse einfach lieben muss ♥

Füchse sind unglaublich beeindruckende Tiere. Vermutlich gelten sie deshalb überall als so schlau. Immerhin sind sie weltweit in vielen völlig unterschiedlichen Regionen anzutreffen, was bedeutet, dass sie sich an verschiedene klimatische Bedingungen gut angepasst haben. Eine enorme Leistung! Füchse können aber noch viel mehr. Sie sind sehr kluge und interessante Tiere.

Füchse gehören zur Familie der Hunde!
Obwohl sie Katzen ähnlich sehen, sind Füchse eine Hundeart. Eine Besonderheit ist, dass ein Fuchs im Gegensatz zu allen anderen Hundearten seine Krallen zum Teil ein- und ausfahren kann (ähnlich wie die Katzenkrallen). Auch spielen Füchse genau wie Katzen mit ihrer Beute und haben keine runden, sondern länglich geschlitzte Pupillen. Füchse und Wildkatzen weisen wirklich so einige ähnliche Eigenschaften auf. Trotzdem ist und bleibt der Fuchs ein „Wildhund".

Sie sind „Nesthocker" und „Nutznießer"!
Kleine Füchse sind bei ihrer Geburt blind, taub und können noch nicht laufen. Daher sind sie auf ihre Eltern angewiesen. Das ändert sich aber natürlich. Wenn sie 3 bis 4 Wochen alt sind, dann klappt alles schon besser und sie gehen auf Entdeckungstouren. Aber abends müssen sie wieder brav nach Hause kommen – sonst kommt die Mama sie holen.
Auch ausgewachsene Füchse lieben „gemachte Nester". Um nicht mühevoll einen Bau graben zu müssen, nisten sie sich bei Dachsen oder wilden Kaninchen ein. Die finden das aber oft gar nicht lustig!

Füchse haben einen Magnetsinn!

Dazu orientieren sie sich an dem Magnetfeld der Erde, um die Entfernung und die Richtung ihrer Beute exakt zu bestimmen. Mit Vorliebe jagen Füchse Mäuse. Die sind aber ziemlich klein und vor allem flink. Es ist also nicht so leicht, erfolgreich bei der Jagd zu sein. Würden sich Füchse nur auf ihre Augen und ihre Ohren verlassen, dann wäre es viel zu schwer, die kleinen Nager korrekt zu orten. Daher schleichen sie sich leise an ihre Beute heran, um sie dann mit einem hohen Sprung zu fangen, da Mäuse die Gefahr von oben nicht so gut erkennen können. Forscher haben herausgefunden, dass Füchse ihre Körper bei den Attacken meistens nach Norden ausrichten. So sind sie nämlich deutlich erfolgreicher bei der Jagd. Spannend, oder?

Der Fuchsschwanz hat viele Aufgaben!

Er hilft den Füchsen, beim Springen und auch bei rasanten Verfolgungsjagden ihr Gleichgewicht zu halten. Der buschige, flauschige Schwanz wärmt sie außerdem ganz herrlich, wenn sie frieren. Er ist zudem eine super „Signalflagge“, um sich mit anderen Füchsen auszutauschen.

Füchse sind enorm anpassungsfähig!

Das bedeutet, dass sie fast überall gut leben können. Kein anderes Raubtier hat sich so erfolgreich verbreitet: Sie leben nämlich in Wäldern, im Grasland, in Gebirgen oder in der Wüste. Der Rotfuchs ist nicht der einzige Fuchs, es gibt viele verschiedene Fuchsarten – so z. B. den schneeweißen Polarfuchs, der sehr eisige Temperaturen aushält.

Sie sind echte „Sportskanonen"!
Ein flitzender Fuchs, der versucht, seine Beute zu fangen, kann bis zu 50 Stundenkilometer erreichen. Das ist ganz schön schnell für ein so kleines Tier. Außerdem ermöglicht ihm seine sportliche Statur Weitsprünge von bis zu fünf Metern und zwei Meter hohe Sprünge in die Luft.

Füchse lieben ihre Familie!
Sie kümmern sich sehr liebevoll umeinander und bringen sich gegenseitig ganz viel Wissenswertes bei. Die Mamas sorgen sich sehr gut um ihre Welpen. Wenn die Kleinen erstmalig ihren Bau verlassen, verbringen sie richtig viel Zeit damit, zu spielen, zu fangen und zu raufen. So lernen sie Verhalten, das sie später, wenn sie dann erwachsen sind, dringend brauchen werden.

Besonders wählerisch sind sie nicht!
Füchse fressen so ziemlich alles. Ob nun Beeren, Würmer, Spinnen und Kleintiere: ihnen mundet einfach vieles. Abermals wird durch ihren Speiseplan ihre Fähigkeit zur Anpassung deutlich. Sie nehmen, was die Natur ihnen zu bieten hat.

Füchse sind sehr intelligent!
Forscher haben herausgefunden, dass sie richtig schnell lernen. Füchse sind nämlich kluge Köpfchen, aber auch ein bisschen „frech": Sie sind schon dabei beobachtet worden, wie sie sich einfach tot stellten, um die Aufmerksamkeit von hungrigen Aasfressern auf sich zu lenken. Die Tiere wurden dann allerdings selbst zur Beute der Füchse.

Füchse sind also wirklich ziemlich schlau. Das sagen die Menschen den schönen Tieren auch schon lange nach. Aber noch etwas anderes wird ihnen „angedichtet“: sie sollen nämlich ziemlich „listig“, also ein bisschen „gemein“ sein. In vielen Märchen und Fabeln spielen Füchse mit, aber meist sind ihre „Rollen“ eher hinterlistig, oft aber auch weise. Das hat vermutlich einen echten, biologischen Hintergrund, denn in der Natur zeigen Füchse, wie klug sie wirklich sind.

Füchse sind ziemlich „charmant“!

Bei Kaninchenjagden haben einige Forscher beobachten können, dass Füchse eine ganz spezielle Technik anwenden, die Charming genannt wird: Dazu tollen die Füchse total wild in der Gegend herum und nähern sich unbemerkt dem Kaninchen. Sie irritieren es durch ihr komisches Gezappel so sehr, dass das arme Tier gar nicht begreift, dass es zur Beute wird – auch deshalb, weil der Fuchs das Kaninchen anscheinend gar nicht bemerkt hat, was allerdings nur gespielt ist.

Sie durchschauen Fallen!

Wer einen Fuchs fangen möchte, der sollte selbst ziemlich clever vorgehen, denn die Rotschöpfe erkennen das sofort. Kastenfallen, in denen die Füchse mithilfe von leckeren Ködern gefangen werden sollen, sind ein Klacks für die Tiere. Sie „stehlen“ nämlich die Leckerei, und zwar ohne dass die Falle zuschnappt.

i Die wahre Geschichte über den Fuchs und den Igel

Wenn sich ein Igel einrollt, dann ist er wirklich ziemlich stachelig – und das ist schmerzhaft für jeden, der ihn berührt. Füchse haben sich einen echt schlauen Trick einfallen lassen: Sie stupsen den Igel vorsichtig mit der Pfote an und rollen ihn ins Wasser, was dem Igel gar nicht gefällt. Also rollt sich der Igel wieder auf und läuft dem Fuchs so direkt in die Falle.

Etwas zu wissen, sich also über eine Sache sicher zu sein, kann dazu führen, dass sich das eigene Leben (und auch das von anderen) verbessert. Darum stimmt der Spruch „Wissen ist Macht" in gewisser Weise. Wer weiß, was zu tun ist, der kann klüger denken, handeln und sprechen. Wissen ist wirklich wichtig. Man bekommt es überall. Jeden Tag lernen wir alle ganz viel. Oft merkt man es gar nicht, aber dennoch sammeln alle Lebewesen ständig viele Informationen. Manche werden uns beigebracht und andere entdecken wir durch Erfahrungen und erinnern uns dann daran. Natürlich darf man sich auch mal vertun. Das ist ganz normal beim Lernen, denn keiner weiß alles und auch die, die schon richtig viel wissen, sind damit nicht auf die Welt gekommen, sondern haben es sich erarbeiten müssen.

? Was hat Wissen mit Gefühlen zu tun?

Wenn sie klein sind, dann müssen sich auch die Tiere auf die „Großen" verlassen. Aber nach und nach sollen sie so viel wie möglich an Wissen ansammeln, um immer mehr alleine leben zu können. Dazu beobachten sie ganz genau, wer mit etwas Erfolg hat und wer weniger. Sie ahmen ihre Vorbilder nach, um vieles zu trainieren. Dadurch finden sie auch heraus, in was sie schon richtig gut sind und was sie noch üben müssen. Sie erleben Freude, Überraschungen, Angst, Wut und auch Trauer. Aber auch dadurch lernen sie unglaublich viel. Genau wie du auch. Es sind nämlich die Gefühle, die dafür sorgen, dass wir alle wachsen. Darum ist es wichtig, viel über die eigenen Gefühle und auch über die von anderen zu wissen. Dazu kannst auch du viel beobachten, denn das hilft dir sehr, dich und andere besser zu verstehen. Überleg mal: Wie solltest du erkennen, was ein anderes Lebewesen fühlt, wenn du dieses Gefühl nicht von dir selbst kennen würdest?

Wir fühlen genauso wie du

Gefühle steuern das Verhalten und auch Entscheidungen, die Lebewesen treffen, viel mehr, als uns manchmal klar ist. Wir glauben oft, dass das vor allem unser Denken tut, aber das stimmt so nicht ganz. Emotionen beeinflussen Menschen und Tiere nämlich sehr. Dafür sind sie ja auch da! Sie helfen uns allen dabei, zu überleben, uns veränderten, neuen Bedingungen anzupassen, uns mit anderen zu verbünden, uns besser zu orientieren und herauszufinden, was gut für uns ist und was nicht.
Dass auch Tiere Mitgefühl füreinander empfinden können, sich einander fair behandeln, miteinander arbeiten, sich effektiv austauschen und sich sogar in Notsituationen helfen, das wurde ganz lange nicht für möglich gehalten. Die Menschen waren sich sicher: Wir sind die „Krone der Schöpfung", also die wichtigsten, klügsten, besten und damit die „wertvollsten" Lebewesen auf diesem Planeten. Und das bedeutet eben auch, dass Tiere nicht empfinden können wie wir und daher auch nicht dieselben Rechte haben dürfen und sollten.

? Was bedeutet „Ethik"?

Ethik befasst sich mit dem „richtigen" menschlichen Handeln und der Art und Weise, wie jemand sein Leben führt. Auch die Entscheidungen, die jemand trifft, spielen eine Rolle. Eine wichtige ethische Frage lautet: „Was soll ich tun und wie verhalte ich mich dabei korrekt?" Dabei geht es vor allem um Fairness und Gerechtigkeit. Häufig gibt es unterschiedliche Meinungen und Sichtweisen, über die man nachdenken sollte. Es kommt zu Problemen und Konflikten, weil es verschiedene Interessen gibt. Du bist dir sicherlich auch nicht immer mit allen einig. Nun gilt es abzuwägen, was die richtigen und was die falschen Gründe und Absichten hinter einem Verhalten sind. Das kann sehr schwierig sein.

Tiere haben nicht nur Mitgefühl mit anderen, sondern viele haben auch einen Sinn für Gerechtigkeit. Forscher haben z. B. mehrfach bei Affen beobachtet, dass ein Tier einem anderen nach einer verlorenen Auseinandersetzung zum Trost den Arm auf die Schulter legt. Und wer Mitgefühl empfindet, der hat auch ein Ich-Gefühl. Das bedeutet, dass einige Tiere (wie z. B. Elefanten, die sich ja im Spiegel erkennen) zwischen ihrem Selbst und einem anderen Lebewesen unterscheiden können. Sie können nachempfinden, was ein anderer fühlt. Oft wissen sie dann auch, was sie tun können, damit es dem Freund wieder besser geht.

Schimpansen sind ziemlich fair!

Forscher haben in einem Experiment herausgefunden, dass Schimpansen einen wirklich überraschenden Sinn für Fairness haben. Die Affen durften wählen, ob sie leckeres Futter nur für sich alleine haben wollen oder ob sie es gerecht teilen. Sie entschieden sich dazu, fair zu sein und teilten gerecht. Die Studie hat gezeigt, dass Schimpansen ein ähnliches Gespür für Fairness haben wie Menschen.

Bonobos teilen sogar mit Fremden!

Die Zwergschimpansen teilen freiwillig ihre Nahrung mit fremden Artgenossen. Aber sie stellen eine Bedingung: Sie wünschen sich Zuwendung, also sozialen Kontakt. Sie sind auch bekannt dafür, Fremden manchmal zu helfen, an leckeres Futter zu gelangen. Ganz schön freundlich für Tiere, die lange Zeit als egoistisch galten, was sie tatsächlich überhaupt nicht sind.

Pferde geben liebend gerne!

Ohnehin gelten sie als sehr soziale Tiere, die sich um andere kümmern. Das gilt auch bei begehrtem Futter: Wenn genug da ist, dann teilen Pferde richtig gerne. Es sind schon etliche Tiere dabei beobachtet worden, wie sie leckeres Heu ihren Boxennachbarn durch die Gitterstäbe, also die Trennwände, geschoben haben, damit diese ausreichend versorgt sind. Auch das Teilen schmackhafter Möhren mit anderen Tierarten (z. B. Hunden) ist schon häufig gesehen worden – und das, obwohl Hunde Raubtiere sind. Pferde sind wirklich erstaunlich, wenn es darum geht, ein Empfinden für andere Lebewesen zu haben. Sie fühlen genau, was andere brauchen. Ungerechtigkeiten missfallen ihnen aber sehr.

Kapuzineraffen bestehen auf Gleichheit!

Bei Experimenten mit den Tieren stellte sich heraus, dass es zu lauten Beschwerden kommt, wenn nicht alle Affen immer gleich behandelt werden. Bekommt einer eine viel leckerere Belohnung für ein Verhalten als der andere, dann wird diese unfaire Behandlung nicht einfach hingenommen. Ist ja auch verständlich!

Viele Tierarten legen großen Wert auf Gerechtigkeit. In weiteren Versuchen fand man heraus, dass Ratten, Makaken, Gorillas, Raben und auch Hunde ein sehr feines Gespür für Fairness haben. Bei Hunden wurde schon oft beobachtet, dass sie eine Abneigung gegen eine ungleiche Behandlung haben. Die Wissenschaft hatte aber lange keine Antwort darauf, ob Hunde sich das vielleicht von den Menschen abgeschaut haben oder ob sie einen „ureigenen" Sinn für Gerechtigkeit mitbringen. Das musste natürlich überprüft werden:

Proteste auf 4 Pfoten

In einem Versuch setzten Forscher jeweils zwei Hunde oder Wölfe in Gehege, die direkt nebeneinander lagen. Die Tiere lernten dann, auf Kommando mit ihren Pfoten auf einen Hebel zu drücken. Wenn sie das taten, dann gab es eine leckere Belohnung. Das klappte auch mit allen Tieren hervorragend. Aber dann wurde es extra unfair, um zu sehen, wie die Hunde und Wölfe darauf reagierten: In einigen Durchgängen bekam nur das Tier, das gar nichts machte, eine Belohnung. Das Tier, das den Hebel drückte, ging leer aus. Echt unfair! Das fanden die Tiere auch. Darum weigerten sich sowohl die Hunde als auch die Wölfe, weiter mitzuspielen. Wer mehrfach ungerecht behandelt wurde, der streikte. Das Gleiche geschah, wenn eines der Tiere zwar eine Belohnung bekam, die aber nicht so gut schmeckte, wie das, was die anderen erhielten. In Einzeltests machten alle Tiere weiter, obwohl sie nichts bekamen. Das zeigt, dass sie sich vorher weigerten, weil auch die Freunde benachteiligt wurden.

Das Experiment hat ganz klar gezeigt, dass sowohl Wölfe als auch Hunde einen Sinn für Fairness besitzen. Ihr Gefühl für Gerechtigkeit haben Hunde also nicht durch den engen Kontakt zu den Menschen gelernt, sondern ihre Vorfahren besaßen ihn bereits. Das macht auch Sinn, denn sie leben in einem Rudel und daher ist es wichtig, dass alle zusammenarbeiten und gut zueinander sind. Nur so kann eine Familie auch funktionieren.

♥ Warum man Wölfe einfach lieben muss ♥

Wölfe sind die Vorfahren aller Hunde!

Vor vermutlich weit über 20.000 Jahren begannen die Menschen die Wölfe zu zähmen und züchteten unterschiedliche Hunderassen. Wie und wann genau das ablief, darüber sind sich die Forscher nicht ganz einig. Aber das ist sicher: Heute gilt der Hund als der allerbeste Freund des Menschen.

Sie haben traumhaft schöne Fellfarben!

Die Fellfärbung ist bei den Wölfen in Europa grau bis bräunlich. Im Nordwesten Amerikas gibt es auch schwarze Tiere, während in der Arktis und in sehr trockenen Gebieten sehr helle bis weiße Wölfe leben. Der zimtbraune oder beigegraue Rotwolf ist nicht immer rot, sondern erscheint manchmal auch schwärzlich. Er gilt leider als fast ausgestorben. Der Äthiopische Wolf ist die seltenste Wildhundart. Seine Gestalt sieht ein bisschen aus wie ein Schakal – darum nennt man ihn auch „Äthiopischer Schakal“. Sein Fell ist rotbraun, nur seine Kehle und sein Kinn sind weiß gefärbt. Weil es so viele wunderbare Unterschiede gibt, ist jedes Wolfsfell ein absolutes Unikat.

Wölfe haben ein „doppeltes Trittsiegel"!
Der Gang des Wolfes wird „geschnürter Trab" genannt. Die Gangart ist ziemlich energiesparend und verläuft gradlinig. Dabei setzen Wölfe ihre Hinterpfoten exakt in den Abdruck der Vorderpfoten (= Doppel-Trittsiegel). Zwar haben sie an den Vorderpfoten fünf Zehen, doch beim Pfotenabdruck sieht man nur vier Zehen und den Ballen.

Sie hängen sehr an ihrer Familie!
Wölfe leben im Rudel, wobei die Größe der Gruppe von dem Nahrungsangebot abhängt. Gibt es viel zu jagen, dann ist auch das Rudel entsprechend größer. Sie passen alle gegenseitig sehr gut aufeinander auf, ziehen liebevoll ihre Jungtiere groß und halten fest zusammen.

Wölfe haben viel Respekt voreinander!
Im Familienrudel hat jedes Mitglied seinen festen Platz. Natürlich stehen die Eltern an der Spitze. Dann folgen die Jungen aus dem Vorjahr. Im ersten Lebensjahr dürfen die Welpen aber sehr viel. Sie sollen sich nämlich gut entwickeln dürfen.

Gefühle sind ihnen wichtig!
Wölfe verständigen sich durch Mimik, Körperhaltung und -düfte. Auch die Schwanzstellung sagt etwas über ihren Gemütszustand aus. Sogar das bekannte Heulen dient der Verständigung: Es soll einerseits deutlich das Revier markieren, denn Eindringlinge sind überhaupt nicht gerne gesehen, und andererseits ist es auch ein Gefühlsausdruck: der heulende Wolf trauert.

Zum Abschluss:

Daran darfst du dich erinnern

Zunächst ganz herzlichen Glückwunsch, dass du bis hierhin gelesen hast. Das ist eine stolze Leistung, denn das waren wirklich viele Infos, die du dir angeschaut hast. Sicherlich musstest du auch über einiges nachdenken. Das war auch der Sinn! Zwar weißt du jetzt schon viel über so manche Tiere und warst bestimmt an der einen oder anderen Stelle erstaunt, aber das war noch lange nicht alles. Es gibt noch so unglaublich viel mehr zu erfahren. Die Tierwelt und die Natur haben dir eine wirklich große Menge an faszinierenden Geheimnissen zu bieten. Man könnte damit bestimmt noch weitere 1000 Bücher füllen (oder noch mehr). Ganz sicher aber haben dir bestimmte Tiere ganz besonders gefallen. Welche waren das? Was magst du so gerne an ihnen? Hast du sogar ähnliche Eigenschaften oder Stärken wie diese Tiere? Besorge dir unbedingt mehr Infos über deine Lieblingstiere, damit du noch mehr von ihnen und über sie lernen kannst! Dann wirst du bald mindestens so weise und klug wie ein schlauer Fuchs sein.

Du weißt ja schon längst, dass sich die Gefühle, die Menschen und Tiere empfinden, immer wieder abwechseln. Jedes Gefühl ist jedes Mal eine sehr große Chance, um daran zu wachsen, etwas über sich selbst zu lernen und auch mitfühlender mit anderen zu werden. Und obwohl du im Moment noch jung bist, kannst auch du schon ganz, ganz viel dafür tun, dass sowohl deine Empfindungen als auch die von anderen Menschen und die der Tiere „schöner" werden.

Zum Nachmachen

- Wenn du draußen in der Natur bist, dann mache ruhig mal bewusst deine Augen auf! Es gibt so viel Schönes zu sehen. Kannst du etwas Spannendes entdecken?
- Was glaubst du, wie es den Tieren in deiner Umgebung geht? Beobachte sie mal genau! Fehlt ihnen etwas?
- Hast du auch so oft Freude und Spaß in deinem Leben, wie die Tiere, von denen du in diesem Buch gelesen hast? Wen möchtest du einladen, mit dir eine lustige und schöne Zeit zu verbringen?
- Wer ist dein Lieblingsmensch? Wer ist dein Lieblingstier? Hast du es ihnen schon oft gesagt und gezeigt? Wie fühlst du dich und was kommt von ihnen zurück, wenn du es machst?
- Denke immer daran: Traurigkeit, Angst, Wut und Ärger, also Gefühle, die du nicht so gerne haben möchtest, gehen immer wieder vorbei. Selbst die größten und stärksten Tiere auf dieser Erde erleben sie auch. Aber sie wissen, dass das ganz normal ist und sie alle einen Sinn haben. Alle Gefühle sind wie Schmetterlinge: Sie flattern irgendwann wieder davon und wollen Neues erkunden.
- Eins ist sicher: Das Leben hat dich genauso gewollt, wie du jetzt in diesem Moment bist. Du bist ein besonderes Unikat. Darum darfst du – genau wie die Tiere – auf deine Gefühle hören und dich auf sie verlassen. Sie werden dich nicht enttäuschen!

Register: Zum Nachgucken

Impressum

Coverfotos: Anna Auerbach
Bilder im Innenteil: Blackburn-Foto, Shutterstock/Pixabay
Layout, Grafikdesign, Redaktion: Susanne Kreuer

© Pepper Verlag 2020 (1. Auflage)

ISBN-13: 978-3-946239-06-2

Alle Angaben und Methoden in diesem Buch sind sorgfältig geprüft und erwogen worden. Sorgfalt bei der Umsetzung ist indes dennoch geboten. Der Verlag übernimmt keinerlei Haftung für Personen-, Sach- und Vermögensschäden, die im Zusammenhang mit der Anwendung und Umsetzung entstehen können.

Alle Rechte vorbehalten

Das Werk einschließlich aller seiner Teile ist urheberrechtlich geschützt. Jede Verwertung außerhalb der engen Grenzen des Urheberrechtsgesetzes ist ohne Zustimmung des Verlages unzulässig und strafbar. Dies gilt insbesondere für Vervielfältigungen, Übersetzungen, Mikroverfilmungen und elektrische Speicherformen sowie die Einspeicherung und Verarbeitung in elektronische Systeme.

Printed in Germany

INFO: Für Eltern, Lehrer & Erzieher

Sollten Sie weitere Informationen/Quellenangaben aktueller wissenschaftlicher Veröffentlichungen zu denen im Buch thematisierten Inhalten oder Beispielen benötigen, dann schreiben Sie uns bitte gerne an (kontakt@pepper-verlag.de).

Zum Weiterlesen

PRAXIS für KINDER
mit vielen Tipps & Tricks
Schritt-für-Schritt-Anleitungen
geeignet für alle Reitweisen

Pepper Verlag

www.pepper-verlag.de